AF404595

FRONTISPICE ET EAU-FORTE PAR PAUL LAZERGES

L'amour n'est qu'un épisode dans la vie de l'homme ;
il est toute l'existence dans la vie de la femme.

C. MARPON ET E. FLAMMARION, ÉDITEURS

26, RUE RACINE, 26

M DCCC LXXXV

Tous droits réservés

LA PETITE BIBLE

DES JEUNES ÉPOUX

> L'amour n'est qu'un épisode
> dans la vie de l'homme ; il est
> toute l'existence dans la vie
> de la femme.

LA PETITE BIBLE

DES

JEUNES ÉPOUX

SUIVIE DE

CONSIDÉRATIONS SUR LA POSSIBILITÉ D'AVOIR

UN GARÇON OU UNE FILLE

ET DE L'EXAMEN

DES DOCTRINES, THÉORIES, FICTIONS

ÉMISES DEPUIS HIPPOCRATE JUSQU'A LA DÉCOUVERTE

DE LA LOI DE L'ALTERNANCE DES GERMES OU OVULES

PAR LE

Dr CH. MONTALBAN

PARIS

C. MARPON ET E. FLAMMARION, ÉDITEURS

26, rue Racine, 26

1885

PRÉFACE

ANS ma carrière médicale, j'ai eu lieu de faire bien souvent d'amères réflexions sur le bonheur conjugal. Comme tout médecin digne de ce nom, j'ai été, quoique jeune encore, le dépositaire de petits secrets, de ces mille riens en apparence qui ont souvent, pour l'avenir d'un ménage, des conséquences importantes.

C'est le fruit de mes pensées reposant sur l'ensemble de connaissances pratiques que je me propose d'offrir au lecteur.

Il est logique, avant d'exposer *in extenso* une loi dont l'application peut contribuer à maintenir l'harmonie dans de nombreuses familles, et, pour ces motifs, resserrer les liens des époux, il est logique, dis-je, d'appeler l'attention des futurs maris et de ceux qui ont acquis cette dignité sur, certaines considérations propres à assurer leur bonheur.

Il est sérieusement à désirer que certaines notions exactes sur l'œuvre de chair soient connues du candidat à

1. Voir *Considérations sur la possibilité*, etc.

l'hymen bien avant qu'il accomplisse l'acte solennel.

La plupart du temps, il n'apporte à la couche nuptiale que l'ivresse de ses désirs avec la volonté de leur donner satisfaction pleine et entière.

Il ne connaît généralement des plaisirs de l'amour que ceux que procurent les Phrynés de l'asphalte et des maisons de tolérance.

Eh quoi ! celui qui est appelé à servir de tuteur et de guide à un jeune être frêle et délicat, plein d'ignorance et de passion inconsciente, celui qui va ouvrir et parcourir avec cette jeune fille le livre de l'amour, opérer dans son être une métamorphose radicale dont le souvenir la suivra jusqu'au tombeau, cet homme qui bientôt déchirera en elle le voile de l'inconnu, la fera naître à une vie nouvelle, ne saura pas trouver dans son cœur, dans ses regards, dans ses paroles, dans son maintien et la délicatesse de ses procédés rien qui puisse adoucir l'amertume de cette courte, mais pénible et douloureuse période de transition !

Ne doit-ce pas être cependant le rôle du jeune époux, ordinairement plus âgé, plus expérimenté, qui le plus souvent a perdu la fleur de son innocence dans le commerce de ces femmes qui ont l'habitude de recevoir les premiers effluves de notre cœur et de nos sens !

Et quel plus beau rôle !

Mais, me dira-t-on, quel sera le

professeur du futur mari ? Qu'il reçoive au collège les notions les plus essentielles de l'hygiène, rien de mieux. Il en tirera grand profit et pourra, s'il les observe, s'éviter quelquefois de graves maladies.

Autre chose cependant est d'enseigner au lycéen la physiologie du mariage.

Certes, on peut affirmer qu'un pareil cours aurait un grand succès dans tous les établissements d'instruction. Il viendrait, à point nommé, rompre la monotonie des études classiques dont on ne sait que plus tard, malheureusement, apprécier tous les avantages.

A ces sages objections je répondrai : Un bon petit livre suffira.

Donc, il est nécessaire, à tous les points de vue, que par la lecture d'un livre honnête, explicite et court, un futur mari possède les premiers éléments de cette branche de la physiologie et de la psychologie appliquées.

J'ai lu tous les livres dans lesquels on a essayé d'aborder ces questions. Les uns sont trop scientifiques, les autres (qu'on me passe le mot) trop orduriers. Ces derniers semblent avoir été composés dans le seul but de piquer la curiosité malsaine de lecteurs blasés ou ignorants, lesquels se font un malin plaisir de colporter chez eux ou chez leurs amis les récits excentriques, pleins de luxure, qui seuls ont frappé leur débile imagination.

Je ne connais guère qu'un livre où

l'auteur ait traité le sujet avec toute la dignité, l'attachement, voire même la saine passion qu'il comporte. Mais si, dans l'œuvre en question, la prose revêt la forme d'une poésie enchanteresse, il n'en est pas moins vrai que le côté sérieux et pratique disparaît dans les fioritures et les arabesques d'un style trop imagé.

C'est ce côté pratique que je vais essayer de mettre en relief, en faisant tous mes efforts pour conserver dans l'examen de ces délicates questions la décence de style qui convient.

Toutefois, il est facile de comprendre qu'il me sera souvent impossible, si je veux atteindre le but annoncé, de ne pas appeler un peu les choses par leur nom. La science, comme l'art proprement dit, ne saurait s'accommoder des artifices de langage. La contemplation d'une statue dans toute la splendeur de sa nudité excite, d'un avis unanime, beaucoup moins les sens, que la vue d'une beauté savamment drapée et habillée qui montre, de ses appas, juste ce qu'il faut pour enflammer l'imagination. Au surplus, écrivant sur les rapports conjugaux de l'homme et de la femme, ce serait le comble de la folie et le meilleur moyen de faire fausse route que de vouloir traiter un tel sujet en employant les mêmes finesses de style que s'il s'agissait de confectionner un long et assommant ouvrage sur l'infaillibilité du pape.

A l'inverse de mes prédécesseurs, je

commencerai cette étude au moment où les deux époux vont pour la première fois se trouver réunis dans l'intimité la plus complète.

Je parlerai ensuite de la conception, de la fécondation. Dans un chapitre suivant, je traiterai de l'hygiène morale et physique de la grossesse au point de vue exclusif des rapports sexuels. De même pour l'avortement.

J'aborderai ensuite, toujours dans le même ordre d'idées, la période consécutive à l'accouchement.

Dans un autre chapitre, je relaterai les accidents (folie érotique) qui peuvent précéder, accompagner ou suivre la ménopause (*âge critique,* cessation, pour la femme, de la vie de reproduction).

1.

Enfin, je terminerai par un court aperçu sur l'onanisme conjugal, et les rapports sexuels des époux arrivés à un certain âge, etc.

LA PETITE BIBLE

DES JEUNES ÉPOUX

LA NUIT DE NOCES

IL est deux heures du matin. Le bal est encore dans toute sa splendeur. Les jeunes compagnes de la mariée nouent leurs premières intrigues et se penchent nonchalamment, sous l'œil de leurs mères, sur le bras de leurs cavaliers.

Tout à coup un léger murmure, un chuchotement se font entendre. La reine de la fête a disparu.

Lui est encore là, cherchant par un

entrain factice à tromper l'ennui de l'attente.

Elle arrive, en compagnie de sa mère, dans la chambre nuptiale, resplendissante de fraîcheur et de coquetterie.

La mère l'aide, pour la dernière fois, à sa toilette de nuit.

Tournons un instant la tête.

Elle est couchée. Sur un meuble, la chaste couronne de fleurs d'oranger, doux souvenir dans les jours de douleur. Plus loin, sur un fauteuil, toute la belle toilette de la mariée, disposée avec art et reposant sur les bottines de satin blanc.

Dans le fond, un nid de mousseline et de dentelle, sous les flots de laquelle se cache une charmante jeune fille dont le frais visage montre des yeux légèrement voilés par la fatigue et le désir de l'inconnu. Sa tête doucement repose sur le léger duvet d'un splendide oreiller.

A côté, un second oreiller attend une autre tête.

Sa mère est toujours là, ayant peine à contenir ses larmes. Adieu ses rêves !

Demain, une barrière infranchissable se sera élevée entre elle et son enfant.

Sera-t-elle heureuse dans l'avenir ?

Elle ne peut se résoudre à quitter sa fille. Le moindre bruit, le moindre craquement, la font frissonner. Encore quelques minutes. Autour de son cou sont jetés, charmant collier, les deux bras de son ange. Entre mille baisers, elle lui répète à chaque instant ses dernières recommandations.

Tout à coup, le parquet gémit. C'est lui !! Encore un dernier baiser, et la pauvre mère s'en va le cœur bien triste et bien gros.

Elle s'est vite blottie dans la ruelle, l'œil demi fermé. Mais aux mouvements saccadés des couvertures, à sa respiration inégale, entrecoupée, à son cœur qui bat à rompre sa poitrine, on comprend quelle doit être son émotion.

Une douce clarté règne dans l'appartement.

Il a ouvert la porte d'une main timide et tremblante comme celle d'un voleur. Il arrive doucement au milieu de la chambre, cherchant à assourdir encore le bruit de ses pas sur le moelleux tapis.

Il la croit endormie.

Arrêtons-nous ici, Lecteur, quelques instants.

J'ai toujours présente à la mémoire l'histoire si commune d'une jeune femme tombée de chute en chute, d'amant en amant.

« Le jour de mon mariage, disait-elle, j'aimais mon mari ; le lendemain, je l'avais en horreur. Dès la première nuit il foula aux pieds tout sentiment de pudeur. Il me traita comme la dernière de ses anciennes catins. Ne prenant en pitié ni jeunesse, ni innocence, ni douleur, il ne mit bas les armes qu'après avoir satisfait sa brutale passion. Il me fit peur et grand mal en même temps. Je n'ai jamais pu lui pardonner. »

Une autre, fort belle, d'une grande richesse de formes, racontait que, la première nuit, son chaste époux s'arrangea de manière à la voir vêtue d'air et de lumière. Il trouvait dans cette contemplation un nouvel et puissant excitant à ses désirs.

Elle se vengea en lui donnant bientôt plusieurs concurrents.

J'ai souvent entendu dire par une vieille et honnête dame de grand sens que, de de nos jours, on ne respectait plus les femmes.

« Quelles mœurs avez-vous donc maintenant? Vous avez tellement hâte de jouir de toutes vos privautés que vous traitez nos filles comme des places à emporter d'assaut. Attendez donc un peu qu'on vous en livre avec plaisir toutes les clefs. »

Je suis tout à fait de l'avis de cette dame.

Revenons au jeune marié.

Petit à petit il s'est approché du lit.

Il contemple son bonheur. Peu à peu il s'enhardit et prend un baiser sur le front de sa bien-aimée, qu'il croit toujours endormie. Elle tressaille à ce doux contact et se tourne lentement vers lui.

« Vous ne dormiez donc pas, ma chérie?

— Non, ami, je sommeillais un peu; je suis fatiguée. »

Alors commence cette douce et tendre mélodie de baisers, de propos interrompus, d'entrelacements, de pressions cœur à cœur.

Il n'ose encore prendre place au nid. Soudain la mélodie s'accentue davantage, s'il est possible.

Plus de lumière.

Le nid renferme les deux oiseaux.

A travers les rideaux blancs de la fenêtre, l'astre des nuits laisse à l'aurore le soin d'éclairer de ses pâles rayons cette première fête de l'amour.

Pendant ce temps, deux têtes confondues en une seule soupirent de tendres serments entrecoupés de : « Je vous aime ! je vous aimerai toujours ! »

Au souffle de ces deux haleines de feu, sous l'empire des caresses, des attouchements exquis du jeune époux, l'harmonie s'établit entre ces deux êtres.

Ils vibrent à l'unisson.

La symphonie de l'amour peut commencer.

Le pardon est acquis d'avance pour les premières douleurs de la courte période de transition.

Tels devraient toujours être, à mon sens, avec légères variantes seulement, les préliminaires du premier acte conjugal intime.

La suite se devine.

Je ne ferai qu'une seule recommandation qui paraîtra peut-être superflue, mais repose sur un grand nombre d'observations de tous les médecins.

Le premier rapprochement exige beaucoup de douceur et de lenteur dans l'action.

Quelques petits conseils encore. Que l'époux respecte sa femme après une première étreinte ; qu'il laisse aux premières douleurs le temps de s'apaiser. Elle lui sera reconnaissante de tant de sagesse et de modération. Cela lui ferait tant de peine de penser, de croire même qu'elle est pour lui un simple instrument de volupté, et non sa compagne à jamais.

Dans les rapports conjugaux, la décence et la chasteté doivent régner en souverains. L'amour aime l'ombre et le mystère.

Il faut laisser aux hommes blasés les orgies des lupanars ornés de glaces qui multiplient les groupes lascifs.

Dans l'état actuel de nos mœurs, une fois un mariage arrêté entre les parents, on laisse à peine au futur époux le temps de faire la cour à sa fiancée.

En Allemagne, les fiançailles s'accomplissent avec une solennité presque aussi

grande que chez nous le mariage. Cette
période dure quelquefois plus d'un an.
Durant la guerre, il m'est arrivé plusieurs
fois, dans mes pérégrinations médicales,
de causer avec plusieurs jeunes officiers et
médecins qui ne cessaient de me répéter :
« Quand donc cette maudite guerre finira-
t-elle ? Et ma blonde fiancée qui m'attend.
Tenez, voici l'anneau de nos fiançailles. »

En France, la vivacité du caractère, la
fièvre des désirs, s'accommoderaient difficilement de ces longs délais.

Les Allemands du Nord, et les Alle-
mandes surtout, ont le tempérament si
froid, si peu voluptueux, que les plaisirs
de la conversation, de la danse et surtout
de la table suffisent à leur bonheur. Telle
est la règle. Et c'est presque toujours à
l'excitation de l'ivresse au premier degré
qu'ils doivent le réveil du sens génital.
Autrement dit, l'Allemand n'est réellement amoureux, dans le sens positif du
mot, qu'après boire.

Il en est bien peu, en effet, parmi eux
qui, le soir, au sortir de leurs tavernes,
aient conservé tout leur sang-froid. Aussi
la plupart du temps, Cupidon doit à Bacchus la ou les faveurs dont il jouit.

Tous les observateurs sérieux sont d'accord à ce sujet, et j'ai pu moi-même, à
plusieurs reprises, contrôler l'exactitude
de leurs assertions.

Dans l'Allemagne du Sud, au contraire,
le caractère, les allures, la suractivité des
passions, se rapprochent des nôtres.

L'examen de ces conditions, différentes
selon les pays, suivant lesquelles se con-
clut un hymen, m'a fait apprécier cette
parole pleine de sens pratique d'un homme
déjà avancé en âge, qui avait cruellement
expié son manque de tact et de délicatesse
au début de son mariage.

Dans l'état de nos mœurs, disait-il,
en raison de la trop grande légèreté avec
laquelle nous contractons l'acte le plus
important de la vie, le jeune mari devrait

faire plus ou moins longtemps, après la déclaration du *oui fatal*, la cour à sa femme, avant la consécration intime.

Du rôle bien entendu de la femme dépend l'avenir de la société. Pendant les vingt maudites années de l'orgie impériale, la famille existait seulement de nom. Une jeunesse superficielle, bruyante, avide de faciles plaisirs, bientôt usée et blasée, tel était le triste résultat du laisser aller général. Cette profonde démoralisation éclata dans toute son horrible nudité lorsque la patrie fut en danger. Témoins, jusqu'à ce jour, impuissants de cette décadence, de ces défections, il nous faut, si nous avons à cœur de reprendre le premier rang, commencer dès aujourd'hui l'œuvre de la régénération.

Le plus beau rôle certainement appartient à la femme, qui fait l'enfant et doit préparer le citoyen. Sachons donc, dès le premier jour du mariage, l'entourer de toute notre affection, de toute notre vénération.

LA LUNE DE MIEL

Un poète a dit que l'amour

Vit d'inanition et meurt de nourriture.

Le premier hémistiche est trop absolu, paradoxal ; le second, presque complètement vrai.

L'amour ne vit pas d'inanition. Peu de femmes accepteraient un tel régime dans lequel elles verraient à juste titre le comble du dédain. En dehors du besoin de plaire, de l'attachement, de l'affection, de la passion, les plaisirs de l'amour sont, en saine physiologie, un besoin aussi urgent que la satisfaction du sommeil et de l'appétit.

A un certain moment, l'individu a terminé sa croissance. Tous ses aliments se

changent alors en forces de tension, puis
en forces vives dont il peut disposer suivant
ses besoins et ses occupations. Si la dépense n'équilibre pas la recette, s'il observe une trop grande continence, plusieurs phénomènes surgissent, parmi lesquels des congestions, des rêves lascifs
s'accompagnant d'insomnies et autres troubles fonctionnels généraux. Dans ces cas,
l'exercice régulier et modéré des fonctions génitales est le meilleur régulateur
de la machine humaine. L'harmonie des
fonctions se rétablit, et avec elle la santé.
Le grand art consiste à trouver le juste
milieu.

Autre chose est la lune de miel si souvent célébrée par les poètes et les roman-
ciers.

On peut définir la lune de miel la période d'excès vénériens des premiers mois
de l'hymen ayant pour résultat ultime, de
la part de l'un ou de l'autre des époux,
souvent des deux, la satiété et le dégoût.

L'amour meurt vraiment alors de nourriture.

Cette fin déplorable peut tenir aux agis-
sements funestes des deux conjoints.

L'époux est tendre, passionné. S'il aime
profondément, s'il obéit trop facilement
à la fougue de ses désirs, il ne sait pas,
le malheureux! qu'il va soudain allumer
des feux que bientôt il ne pourra plus
éteindre.

La femme est jeune, ignorante, avide
d'honnêtes plaisirs. Il découvre à ses sens
étonnés, à son cœur charmé, tout un hori-
zon de voluptés. Pleine de santé et de vigueur, avec des sens encore vierges, elle
supportera bien mieux que lui les
assauts de l'amour.

En admettant que l'égoïsme ne règne
pas dans ses plaisirs, que chaque union
intime ait été précédée de la phase de caresses et d'attouchements nécessaires pour
mettre l'accord, l'unisson entre les deux
amoureux, elle sentira à peine un com-

mencement de fatigue alors qu’il sera vite
à bout de forces s’il veut satisfaire la
soif de voluptés qu’il aura fait surgir dans
son être.

Il lui faudra bientôt faire aveu d’impuissance et demander grâce. Heureux
encore s’il ne perd pas, dans la lutte, et
sa santé et l’amour de sa femme.

Dans cette première hypothèse, la raison ayant repris tout son empire, son
épouse intelligente et réservée lui ayant
conservé son affection, il comprendra la
nécessité de calmer ses appétits sexuels.

Supposons au contraire une jeune femme
aimante, ardente, mais d’un esprit peu
élevé, d’une intelligence bornée.

Égoïste et imprudent, vous avez surex-
cité son ardeur, mais ne lui avez donné que
des plaisirs incomplets, tandis qu’elle vous
voyait, à son grand étonnement, mourir
dans ses bras. Enfin vous lui avez procuré
quelquefois seulement, par suite de la
lenteur dernière des derniers rapproche-

ments de chaque nuit d'amour, cet état divin appelé l'orgasme vénérien.

La fatigue, la satiété, l'impuissance, auront triomphé de votre ardeur, quand à peine elle commencera à savourer les délices du culte de Vénus.

Vous en arriverez à éviter la douce intimité, à fuir le toit conjugal. Vous la trouverez bientôt, à votre retour au logis, les yeux rouges encore des larmes versées durant les heures d'attente.

« Qu'as-tu ?

— Rien, mon ami.

— Pourquoi cette mine bouleversée et ces yeux rouges ?

— Comment, j'ai les yeux rouges ! Tiens, c'est vrai. Oh ! un simple coup d'air. »

Ces petites scènes se renouvelleront de temps en temps.

Cherchant de plus en plus des distractions dans la fréquentation de vos amis, prétextant au besoin des affaires urgentes, pressées, vous finirez par la laisser seule à la maison, en proie à la fièvre de ses désirs inassouvis et à la colère de l'abandon.

Le soir, passé minuit, en rentrant au bercail, vous vous garderez bien de la réveiller par vos baisers comme autrefois.

Vous la croirez endormie et fermerez bientôt vous-même les paupières. Et vous n'entendrez pas, dans le silence de la nuit, les soupirs, les gémissements de votre femme éplorée.

« Non ! il ne m'aime plus ! il me délaisse ! » pensera-t-elle.

Quelques mois après vous la verrez souriante, enjouée, ne cherchant aucunement à ranimer votre première ardeur, mais ne sachant pas encore refuser les plaisirs que vous daignerez lui accorder.

« Comme elle est bonne et aimante malgré tout ! direz-vous. Elle a bien pris la chose. Au reste, je n'y pouvais plus tenir. »

Conclusion. Elle aura pris un amant, puis deux. Sur cette pente glissante, on s'arrête difficilement.

Autre cas qui touche directement à la santé.

L'époux est jeune, vigoureux, il n'a pas encore perdu sa noble valeur. Sa femme est douce, tendre, nerveuse, d'une complexion délicate; chaque période menstruelle s'accompagne de vives douleurs avec abondante leucorrhée dans l'intervalle.

C'est une vraie sensitive dont un rien fait épanouir ou fermer les feuilles. Le moindre désir, la moindre caresse, trouvent un écho dans son cœur et ses sens. Loin d'être égoïste, il lui fait partager tout son bonheur. Elle boit à pleines lèvres à la coupe des plaisirs.

Bientôt un cercle de bistre cerne ses yeux dont l'éclat fait mal. Son teint devient de plus en plus pâle. Sa face se grippe, elle maigrit. Au plus petit refroidissement, une toux sèche la fatigue.

Prends garde, jeune époux. Il en est temps encore, demain il sera trop tard;

tu lui auras ouvert à deux battants les portes du tombeau.

Parlerai-je maintenant de ces hommes parvenus à un âge relativement avancé, que la passion entraîne à rechercher l'alliance d'une jeune fille de vingt ans?

Malheur à eux s'ils n'ont eu en vue que la résurrection du sens génésique sous les baisers brûlants de la jeunesse!

Citons un exemple qui nous vient à la mémoire :

M. L..., âgé de quarante-cinq ans, possesseur d'une belle fortune, d'une bonne santé habituelle, malgré une vie sexuelle antérieure fort agitée, épouse, à sa sortie du couvent, une jeune fille de vingt ans à peine, d'une bonne famille, qui, n'ayant pour toutes armes que son innocence et une dot fort maigre, fut, pour ainsi dire, vendue par ses parents.

On fêta dignement la déesse de l'amour, au delà même de toute espérance. L'ivresse des désirs et des plaisirs devint frénésie.

Un instant le mari parut avoir trouvé une nouvelle vigueur au contact de sa jeune femme.

Hélas! ce ne fut qu'un feu de paille!

Peu à peu une faiblesse générale s'empara de son être. Ne voulant pas se rendre aux avertissements réitérés de la nature, cherchant par tous les moyens en son pouvoir à ranimer ses sens épuisés, sa débilité s'accrut de jour en jour. Peu de temps après il tomba paraplégique, autrement dit il cessa de pouvoir se tenir droit et, bien entendu, de marcher.

Non seulement il devint impuissant, mais il prit une maladie chronique de la moelle épinière. Et, s'il fut possible d'amender le mal, notre malade resta pour toujours, au point de vue sexuel, un fantôme de mari.

Elle, de son côté, à ces assauts répétés et violents dans l'action, gagna aussi une maladie chronique de la matrice, avec douleurs névralgiques intenses, leucorrhée abondante et chlorose consécutive.

Autre exemple des conséquences provenant des excès fréquents de la lune de miel.

Un jour je fus très étonné de voir venir chez moi, pour me consulter, un de mes amis, jeune marié d'un mois à peine.

Le dialogue s'engagea ainsi :

« Quel bon vent t'amène?

— Je souffre horriblement. »

Je le regarde attentivement et le trouve en effet très amaigri, très changé.

« Modère-toi, lui dis-je ; fais donc longtemps durer la lune de miel. Aie toujours présent à l'esprit le conte de *Philémon et Baucis*.

— A ton aise, moque-toi de moi. Je suis bien plus malade que tu ne penses, d'abord j'use et n'abuse pas. A peine un ou deux voyages à Cythère chaque jour, le plus souvent un.

— Diable! diable! pour le premier mois et avec la vigueur de ton tempérament, cette modération relative me plaît.

— Trêve de plaisanteries. Écoute, voici mon état actuel dans toute sa triste vérité. Depuis quelques jours il me semble avoir un feu ardent au creux de la poitrine. Bientôt viennent, après le dîner, des nausées, puis des vomissements répétés. Enfin je sens mon estomac s'affaiblir de plus en plus. Déjà les nausées commencent à se manifester après le repas du matin. Si cet état dure encore quelque temps, je ne pourrai garder aucun aliment. Et alors adieu amour!

« Désolée, ma femme m'a supplié de venir implorer ton secours. Je te confie le soin de me rendre le bonheur. Parle en maître, j'obéirai. »

Au son lamentable de sa voix, je crus qu'il allait fondre en larmes. Tout en l'écoutant, un soupçon m'était venu.

« Allons, allons! cher ami, ça ne sera

rien. D'abord comment passes-tu tes soirées ?

— Le repas terminé, ma femme se fait
belle et nous allons au théâtre ou à la promenade.

— C'est bien innocent, maître Gaster
est un misérable !

— Je ne te comprends pas.

— Un médecin est un confesseur honnête ; je suis en plus ton ami. Tu dois sûrement oublier de me dire quelque chose ;
je vais aider ta mémoire. Après le dîner on
devient plus expansif. On échange quelques baisers, etc., etc...

— Oui, c'est vrai, j'oubliais de te dire...

— Nous y voilà. Sois franc.

— Eh bien ! au sortir de table, nous
allons prendre un peu de repos dans
notre chambre à coucher, et nous faisons
nos projets de plaisir pour la soirée. On
échange en effet des baisers. Le projet vite
arrêté, car je suis presque toujours de son
avis, ma femme court à sa chambre, où

souvent je la suis. Les baisers continuent de plus belle. On répond à mes agaceries. La chair est faible, on pousse le verrou, et...

— Et c'est une heure après ces beaux faits d'armes que les nausées et les vomissements entrent en scène.

— Oui, hélas ! Quel piteux mari je deviens !

— Mon ami, au train où tu vas, tu attraperas une magnifique dyspepsie.

— Pas possible !

— Oui bien, monsieur l'amoureux.

— Que faire ?

— Rien n'est plus facile. Reste sage quelques jours, mais complètement ; maître Gaster s'apaisera ; et à l'avenir garde-toi bien de prouver ta tendresse à ta femme au sortir de table. Bon nombre d'amants avec leurs maîtresses, et à plus forte raison de maris avec leurs femmes, doivent les dérangements de leur santé, la plupart du temps, à cette funeste habi-

tude. La journée appartient aux devoirs,
aux affaires; la nuit, à l'amour. »

Il se le tint pour dit.

Quinze jours après, l'appétit était revenu, et avec lui la santé.

APHORISMES

Le mariage étant un lien qui enchaîne
pour la vie, on doit éviter toute cause de
rupture apparente ou cachée.

Les exigences sociales donnant au mari
la science et l'expérience en amour, il
doit s'efforcer de faire partager à sa compagne tous ses plaisirs.

L'égoïsme en amour ne peut venir que
du mari.

C'est un vol commis au préjudice de la
femme et un mauvais calcul du mari, qui
donne prétexte et droit à des représailles.

En amour il doit toujours avoir en vue
la qualité, la perfection, et non la quantité
ou répétition des actes probateurs.

L'amour est comme le phénix ; il doit
renaître de ses cendres.

L'amour, au point de vue moral, est un sentiment qui change et se transforme avec l'âge des deux époux.

La lune de miel est comme un chapelet plus ou moins long dont chaque jour égrène un grain.

L'amour est douce bataille où l'on se replie toujours en désordre.

Mais obéir à la fougue de ses passions, c'est se rapprocher de la brute.

La santé de l'un ou de l'autre époux, souvent des deux, peut être mise en grand péril par une obéissance passive à la passion.

Règle générale, il ne faut jamais faire de sacrifice à Vénus avant qu'il se soit écoulé un laps de temps de trois à quatre heures après le dernier repas.

L'amour aime l'ombre et le mystère.

Un bon lit est le seul autel où puisse dignement s'accomplir l'œuvre de chair.

Un bon mari ne doit jamais réveiller sa femme pour satisfaire un caprice amoureux.

Les voyages d'agrément, aussitôt le mariage accompli, sont mauvais au moral et au physique.

Vénus, pour être adorée comme elle le mérite, veut un temple à elle, et non des hôtelleries.

FÉCONDATION, CONCEPTION

Le mariage a pour but non seulement la satisfaction de désirs partagés, mais surtout la propagation de l'espèce.

La sensation voluptueuse qui accompagne le coït n'est pas indispensable à la fécondation. Des femmes ont pu souvent devenir grosses sans l'avoir ressentie dans toute son intensité. Il me souvient d'avoir reçu jadis les confidences d'une dame, laquelle, ayant un amant, était devenue enceinte. Redoutant la colère de son mari, qui, disait-elle, avait toujours pris ses précautions contre une nouvelle grossesse, elle avait osé me proposer de faire disparaître le produit de sa faute. D'une curiosité dévorante, lisant tous les romans les plus lubriques, ne trouvant dans ses relations conjugales qu'une volupté bien pâle en comparaison de celle annoncée par ses lectures, elle s'offrit un amant. Ainsi du moins chercha-t-elle à expliquer et pallier sa faute. « Alors, dit-elle, je connus vraiment les plaisirs de l'amour. Jusque-là j'étais devenue mère, et j'avais goûté de l'union intime à peine les petites sensations agréables, voluptueuses, avant-coureurs du délire des sens. »

L'homme peut aussi quelquefois émettre la liqueur spermatique sans éprouver l'ébranlement nerveux qui accompagne généralement l'éjaculation.

Mais il n'en est pas moins certain que l'orgasme vénérien est l'un des plus puissants et des plus sûrs mobiles de la procréation.

La fécondation est l'acte le plus mystérieux de la génération. Elle consiste dans la rencontre de l'ovule et du sperme.

Le mot conception est presque synonyme de fécondation. Il y a cependant une nuance. Une femme pourra· être fécondée sans l'avoir désiré. Mais l'idée de conception implique au contraire celle du désir.

Un souvenir historique à l'appui :

A l'école de La Flèche, dans le parc, on a conservé un berceau de verdure, avec son banc de gazon, sur lequel Antoine de Bourbon et Jeanne d'Albret accomplirent l'œuvre de chair à laquelle Henri IV dut le jour.

Le livret-guide, utile pour visiter ce bel établissement, porte la mention suivante : « Là conçut Jeanne d'Albret. » J'ajoute : Les deux royaux époux se promenaient dans le parc, se communiquaient leurs désirs et leurs espérances, échangeaient des baisers pressants sous ces allées sombres et silencieuses. Ils arrivent à cet endroit délicieux, veulent y prendre un peu de repos ; le concert amoureux continue. C'est là que Jeanne conçoit.

Beaucoup de femmes certainement se prêtent aux désirs de leurs maris pour éviter la concurrence d'une rivale dans la possession de leur cœur. Souvent il leur arrive d'être fécondées sans l'avoir désiré. Mais cela ne dépend pas d'elles, qui n'ont fait que souffrir l'homme, suivant l'expression latine, *pati hominem.*

La fécondation peut avoir lieu en tout temps, dit-on. Si cette proposition était vraie, cela tiendrait assurément à l'état de civilisation raffinée dans lequel nous vivons.

Les femmes presque sauvages, par conséquent d'un esprit peu cultivé, se rapprochent davantage des animaux. La période du rut est bien plus marquée chez elles.

Le législateur Lycurgue, désirant développer au maximum la beauté, la force de la race et la grandeur de son pays, avait inscrit dans ses lois que l'acte de la génération devait seulement avoir lieu à l'époque fixée par la nature. Cette abstinence forcée exagérait la période du rut. Telle était l'obéissance rigoureuse à ces lois que, pendant longtemps, les Spartiates, bien qu'ils vécussent en commun, hommes et femmes, dans la nudité la plus complète pour augmenter leur force de résistance aux intempéries des saisons, observaient ponctuellement ces dures prescriptions[1] !

Nous avons bien changé tout cela, et personne ne songe à s'en plaindre. La nature a cependant conservé tous ses

1. C'est à cette continence innée des Allemands et des races du Nord, en général, qu'il faut attribuer leur grande prolificité (néologisme qui exprime bien ma pensée).

Nous n'avons pas dégénéré, il faut bien le dire, en puissance génésique, mais nous nous plaisons souvent à faire le travail de Pénélope.

L'Allemand, au contraire, ne passe pas la nuit avec sa femme ; il fait toujours lit à part, même dans les petits ménages ; et ses relations conjugales, sauf de rares exceptions, sont fort peu droits. Aussi doit-on peut-être attribuer à une interprétation vicieuse l'opinion de ceux qui croient à la fécondation en tout temps.

Je m'explique : la règle est celle-ci. La femme conçoit le plus souvent pendant et surtout après les menstrues. Le moment le plus propice est la période de six à sept jours qui commence avec l'écoulement sanguin. Donc, sans contredit, pendant dix jours environ, la fécondation a le plus de chances d'avoir lieu.

Supposons maintenant une femme fécondée dix jours avant l'apparition normale des menstrues.

---

fréquentes, comme 1 est à 4 par rapport à nous, et cela dans la période la plus brillante d'activité des sens génésiques. Ils ignorent aussi, eux et leurs mystiques moitiés, les raffinements du culte de Vénus. En amour physique, l'épicier du Marais est et a toujours été leur idéal. Telles sont les vraies causes de la prolificité des races du Nord, de l'Allemagne en particulier.

Voici ce qui pourra avoir eu lieu : ou bien une ponte prématurée sans cause efficiente, ou bien une ponte prématurée provoquée par des accouplements trop répétés, ayant eu pour résultat de hâter le travail ovarique. Si ces causes n'existent pas, il faut admettre des erreurs de temps, de date, etc.

Autre explication.

Le germe femelle met huit à dix jours pour se rendre de l'ovaire à la matrice, où il est rarement fécondé. C'est pendant ce temps que la conception a lieu le plus fréquemment. Mais cette marche, on le comprend facilement, peut être directement influencée par la fréquence ou la rareté de l'acte vénérien. Il doit donc arriver quelquefois, suivant les personnes et le genre d'existence, une accélération ou une lenteur considérable dans la descente de l'ovule.

Pour nous, le moment le plus favorable, le plus logique, le plus hygiénique, si l'on veut, arrive pendant les règles et après leur cessation.

Il faut tenir grand compte, dans les résolutions à prendre, de la constitution, de l'état général de la femme qui doit être fécondée.

Supposons une femme délicate, d'une menstruation douloureuse, sujette à des pertes abondantes. Le coït avant augmentera la congestion utéro-ovarique et la prédisposition aux pertes. Le coït pendant sera une cause nouvelle et intense d'afflux sanguin et de pertes. Le coït après aura beaucoup moins d'inconvénients, surtout si l'acte n'est pas répété la même nuit.

Les enfants se ressentent de l'état physique et moral des parents au moment de l'accouplement qui a donné lieu à la fécondation. Un enfant ressemble comme apparence extérieure à son père ou à sa mère; souvent même il tient des deux. Les exemples d'atavisme sont rares.

Il en est ainsi du caractère, de l'intelligence, des passions. Inutile d'entrer dans
de plus amples détails à ce sujet.

Quant aux maladies constitutionnelles
de l'un ou l'autre des époux, de nombreux
cas prouvent leur facile transmission par
hérédité. Tout le monde sait, par exemple,
qu'un phtisique en engendre un autre, ou
tout au moins lui transmet une aptitude
spéciale à recevoir des bacilles [1]. L'étude
des modifications successives qui ont imprimé à l'organisme du père ce cachet
particulier de déchéance serait intéressante à poursuivre jusqu'au bout. De
l'examen approfondi on pourrait arriver à
conclure, pensons-nous, que l'hygiène
seule peut, petit à petit, transformer et annihiler ce vice originel. Mais cela sorti-

---

1. On nomme *bacille* (petit bâtonnet) un
parasite végétal qui se multiplie à l'infini et que
l'on trouve seulement dans les crachats et ca-
vernes des phtisiques, etc., etc.

rait de notre cadre. Un tel travail demanderait des développements par trop scientifiques et, partant, serait peu agréable au lecteur.

J'insisterai seulement sur ce point que les parents en proie, au moment choisi pour la conception, à des maladies plus ou moins aiguës, susceptibles de guérison prompte et radicale, devraient s'abstenir complètement de tout coït.

La constitution d'enfants procréés à ce moment en est le fidèle reflet. Je citerai, comme exemple, des pères atteints de gastro-entéro-hépatite (maladie de l'estomac, de l'intestin et du foie), suite d'abus alcooliques qui ont transmis aux enfants procréés pendant l'état du mal une prédisposition à ces maladies.

Autre exemple choisi dans l'ordre moral : une femme ayant conçu à la suite d'une vive colère occasionnée par un violent chagrin, son enfant fut pris plus tard de convulsions fréquentes qui causèrent sa mort.

STÉRILITÉ

Ils tiennent du mari ou de la femme.

Ayant pour objectif l'état normal et non les difformités, je passerai sous silence les vices de conformation tels que *paraphimosis, hypospadias.*

La liqueur spermatique du mari peut manquer d'animalcules, sans lesquels point de fécondation ; ou bien ces animalcules sont lents, peu vivaces (comme chez les vieillards et les personnes débiles).

L'absence d'animalcules est aussi due très souvent aux excès vénériens, à l'abus des plaisirs à un âge peu avancé, avant la fin de la croissance ; mais surtout aux maladies vénériennes, *orchites, épididymites, accidents syphilitiques.*

Les soins et la patience permettent d'annihiler cette impuissance, cette stérilité passagère, pourvu que les lésions n'aient pas profondément débilité l'organisme.

Quant à la femme, je citerai seulement les principales causes qui rendent la fécondation presque impossible.

Irrégularité des menstrues. —Tout phénomène de ce genre est le signe d'un travail ovarique pénible ou incomplet. L'ovule ne peut vivre longtemps. Si la fécondation n'a pas lieu de suite après la ponte, c'en est fait. Si, au contraire, elle a lieu, l'enfant est malingre, cachectique, et succombe à la première maladie un peu grave.

C'est ce qui explique la stérilité des femmes peu aisées des grandes villes et la mortalité des nouveau-nés dans les classes peu fortunées de la société.

Pertes blanches, chloro-anémie primitive ou consécutive. — Presque toutes les femmes irrégulièrement réglées ont ce triste privilège. Leur mari a beau jouir de la plus florissante santé, prendre les plus grands ménagements, jamais le succès ne vient couronner leurs efforts ; ou bien ils deviennent les parents d'une progéniture fatalement vouée aux nombreuses maladies de l'enfance, quand ce n'est pas à la mort.

Cette résistance involontaire à la conception s'explique par l'influence morbide du mucus et du pus leucorrhéiques sur la santé et la vie des animalcules spermatiques.

J'oserai même avancer qu'à Paris et dans les grandes villes un grand nombre de femmes ne pourraient devenir mères si elles n'avaient le soin de remédier par des ablutions, des irrigations fréquentes, au mauvais état de leurs parties génitales.

Ces pertes blanches s'accroissent à chaque période menstruelle. Et il faut bien se garder de les confondre avec certains phénomènes qui se manifestent fréquemment chez des femmes saines et robustes dont l'écoulement sanguin de chaque mois est précédé et suivi de flueurs blanches plus ou moins abondantes qui sont, il est vrai, transitoires. Les bains fortifiants, les grands soins continus de propreté, l'usage intermittent (dix à quinze jours par mois) des eaux ferrugineuses, principalement de celles de Forges-les-Eaux (Normandie), finissent par triompher radicalement de ces impossibilités à la conception.

On sait qu'Anne d'Autriche dut, dit-on, à la toute-puissance des eaux de cette station de pouvoir donner le jour à Louis XIV. Cela ne doit pas nous étonner, car elles sont, dit-on, les meilleures pour le traitement de la chlorose, de l'anémie et de leurs si nombreuses conséquences.

———

DE LA FÉCONDATION

Les deux époux sont sains et robustes, leur état moral satisfaisant. Ils évitent toute cause d'émotion vive, de fatigue exagérée. Ils veulent non seulement donner la vie à un être, mais le douer, dans la mesure de leur pouvoir, de tous les avantages physiques et de toutes les qualités intellectuelles qui, plus tard, lui rendront plus légères les charges de la vie.

Quels doivent être les préliminaires de la fécondation ?

Est-il nécessaire qu'il y ait eu période de repos absolu des organes génitaux avant le moment le plus propice à la fécondation ? Oui, assurément.

La femme sera plus forte, l'ovule aussi.
Le sperme de l'homme jouira d'une plus
grande activité dans ses éléments princi-
paux, les animalcules.

L'heure de la fécondation ardemment
désirée est venue.

Dans le but de rendre l'accouplement
plus intime, il importe, selon les recommandations faites pour la première nuit
de noces, que l'acte vénérien soit précédé de ces baisers, de ces caresses et attouchements exquis qui resserrent les liens
d'union et de sympathie entre les deux
acteurs.

L'érection, phénomène connu dont la
description aurait l'unique utilité de cha-
touiller l'épiderme du lecteur, est bien
plus rapide chez l'homme. Les caresses et
autres mignardises ont pour but de provoquer un état semblable chez la femme.

Ce résultat obtenu, l'harmonie existe véritablement, la scène de la conception peut
commencer. Quelle position plus favorable

choisir ? Ici je pourrais me lancer à perte de vue dans une digression plus libertine que savante, et étudier les bénéfices et les inconvénients des mille postures du poète obscène Arétin. Je me contenterai de dire : la meilleure est la position classique, *illa sub, ille super,* celle, en un mot, dans laquelle les points de contact multipliés procurent les sensations les plus agréables.

Une seule exception pourra être faite en faveur des jeunes femmes hystériques, dont l'état tient à un degré de congestion exagérée des ovaires et organes génitaux, etc., etc.

De nombreuses expériences, il résulte (j'en ai fait moi-même) que la pression des parois abdominales (ventre), au niveau du siège de l'ovaire, suffit pour provoquer des attaques nerveuses tout à fait semblables à celles de l'hystérie. Au moment de la ponte mensuelle, il est facile de se rendre compte de la plus grande

susceptibilité ou irritabilité de ces organes. Si donc une jeune fille ou jeune
femme a, pour beaucoup de raisons, une
grande prédisposition à ces attaques, il ne
sera pas étonnant de les voir se répéter dans
les combats amoureux qui suivront la cessation immédiate de l'écoulement sanguin, et cela par les étreintes, les contractions musculaires violentes et les chocs
alternatifs dans la position ventre à ventre.
Dans ces cas, la meilleure position sera
celle sur le côté de part et d'autre.

L'action doit être lente, intime, les
étreintes douces. Le mari doit chercher
autant que possible à provoquer la simul-
tanéité de l'ébranlement nerveux consé-
cutif à la volupté.

Enfin, lorsque la sensibilité développée
sur le membre viril par les frottements
réitérés de l'organe mâle contre l'organe
femelle est arrivée à un certain degré
d'exaltation, il survient dans tout l'organisme cette sensation indéfinissable ac-

compagnée d'un sentiment de chaleur le
long de l'axe cérébro-spinal, de l'accélération du pouls et d'efforts convulsifs
d'expiration. La contraction des voies
d'excrétion du sperme et de tous les
muscles du périnée amène l'éjaculation.
Cet ensemble de phénomènes a reçu le
nom d'orgasme vénérien.

Du côté de la femme, cet orgasme est
accompagné non seulement de mouvements dans les muscles du périnée, mais
probablement aussi de contractions utérines. Alors le col de la matrice, s'ouvrant
et se resserrant par les mouvements convulsifs, attire en quelque sorte la semence
dans sa cavité.

J'ajouterai que les frottements des organes mâles et femelles sont rendus plus
faciles, plus intimes et plus doux, par les
flots de sécrétion des glandes vulvaires et
vulvo-vaginales qui jouent ici le rôle de
l'huile entre deux surfaces de glissement
d'une machine.

Chez les femmes qui abusent du coït (les prostituées), ces glandes se fatiguent vite ; c'est ce qui explique la sensation de chaleur, d'âcreté, de sécheresse, que l'on éprouve très souvent dans l'exercice du coït avec elles.

L'orgasme vénérien est suivi d'une période d'anéantissement très marquée, avec tendance au sommeil. Dans l'intérêt de la conception, il est prudent de laisser, après l'orgasme vénérien, les organes sexuels quelque temps en rapport, autrement dit, de garder la même position.

Bientôt, l'érection ayant complètement cessé, il sera temps pour les deux acteurs de prendre un repos mérité.

Si l'un des époux est soumis, par sa profession, à un rude labeur, la fécondation aura lieu plus sûrement par le coït du matin.

Il ou elle réparera, en agissant ainsi, ses forces pendant la nuit.

On a prétendu assigner des caractères

précis à la fécondation. Certaines femmes affirment même pouvoir facilement distinguer le coït fécondant. Elles ressentent alors une sensation de plaisirs infinie, profonde, particulière, distincte de l'orgasme vénérien ordinaire.

Certains auteurs avancent que certaines femmes, après le coït amenant la conception, s'endorment instantanément d'un sommeil de plomb. Je me souviens même d'avoir entendu tenir pareil propos par un mari dont j'ai accouché la femme.

Enfin, on cite des cas où des vomissements auraient immédiatement succédé au coït fécondant. Il n'y a rien de positif, voire même de sérieux, dans ces assertions. Un seul signe probable, je dirai même à peu près certain, existe lorsqu'il s'agit d'une femme bien portante : c'est la suppression des règles.

Quelle conduite tenir jusqu'à ce moment ?

Rien ne s'oppose à la répétition de

l'acte vénérien tous les trois jours, soir ou matin, en prenant les précautions susmentionnées pendant la période de la fécondation possible. Mais l'exagération pourrait, s'il y a eu un commencement de conception, provoquer des pertes et tuer l'ovule récemment fécondé.

GROSSESSE

Jean-Jacques Rousseau a dit : « Une femme enceinte devrait imiter les femelles d'animaux qui, une fois la cargaison complète, ne reçoivent plus de passagers à bord. »

Cela est facile à dire dans un livre, et il vaudrait mieux, dans l'intérêt de la femme et du fœtus, qu'il en fût ainsi.

Beaucoup de considérations rendent pareille continence difficile. La femme a peur de perdre l'affection de son mari ou de la voir diminuer au profit d'une rivale. Le mari, tourmenté par les exigences d'un tempérament amoureux, craint de s'exposer aux mille vicissitudes d'un coït impur, et de transmettre plus tard à sa moitié, voire même à ses enfants, les souillures du mal vénérien.

. Nous n'imiterons pas le radicalisme de Jean-Jacques, qui le pratiquait plus, du reste, dans ses ouvrages qu'au lit de sa Thérèse. *In medio stat virtus.*

Les rapprochements sexuels ne seront pas fréquents. Et s'il ne peut, au contact de sa femme, tempérer la fièvre de ses désirs, le mari devra faire lit à part.

Pendant la grossesse, il lui sera permis d'être relativement égoïste. Heureuse de voir leurs liens aussi resserrés que par le passé, l'épouse saura se contenter de plaisirs à demi partagés.

Autant que la modération dans les relations intimes, le calme et l'égalité d'humeur sont indispensables pour mener à bon port l'œuvre commune.

Ainsi, un mari qui, connaissant la faiblesse de constitution de sa femme et les conséquences terribles d'un avortement, aura su imposer silence à ses sens, s'efforcera, malgré cette abstinence volontaire, de lui conserver toute son affection et son attachement.

Qu'il partage ses peines, qu'il prenne moralement part aux premières douleurs de sa nouvelle situation ; que, par tendre pitié ou par intérêt pour lui-même, il ait au moins l'air de compatir à ses souffrances ; que, devant son œuvre, il lui montre une patience et une bonté d'âme inaltérables, surtout au premier enfant. Il calmera son inquiétude par les caresses de la voix, du regard, des baisers, des entrelacements qui lui sembleront d'autant plus agréables qu'elle sentira le prix du sacrifice, et verra, dans les attentions de son protecteur, les preuves évidentes de la plus sincère affection.

Les promenades répétées sans fatigue, si favorables par la régularité de l'hématose et de la circulation, seront faites de préférence à pied ou dans des voitures bien suspendues.

Les soirées se passeront en commun ;
le mari se gardera bien de livrer sa femme
à l'abandon, pendant de longues heures
sacrifiées, par amour-propre et crainte
des quolibets, aux jouissances énervantes
des cercles, estaminets et des réunions de
femmes galantes.

En agissant ainsi, le mari mettra en ré-
serve des trésors d'affection et de dévouement, dont il sentira peut-être un jour
tout le prix. Il aura plus tard, pour soutenir les luttes de la vie et l'éclairer dans
ses résolutions, une Égérie attentive qui
sans cesse promènera autour de lui et des
siens son œil scrutateur et protecteur.

Combien de maris, en effet, s'ils osaient
avouer la vérité, diraient qu'ils doivent aux
sages conseils de leurs femmes d'avoir
su éviter les pièges qui leur étaient tendus,
conserver une situation acquise, souvent
arriver à la prospérité !

Combien d'autres, par le baume des
douces paroles de leur bon génie sur des

plaies encore saignantes, ont pu retrouver la patience, l'énergie et les forces nécessaires pour refaire une position compromise ou perdue, et aller de nouveau prendre place au soleil de la fortune !

Dans le domaine des sciences, de la philosophie, la femme, en général, est certainement inférieure à l'homme. Mais quelle n'est pas son éclatante supériorité dans toutes les affaires du cœur et les relations de la vie entre hommes ou femmes !

Avec quelle perspicacité, quelle divine intuition, elle devine le bien et le mal pour les êtres qui lui sont chers !

Chez elle le cœur est touché tout d'abord, puis le cerveau, siège de la raison. Elle sent vite et vivement. Le moindre regard, l'intonation de la voix, la vivacité des paroles, le plus ou moins d'empressement, trouvent en elle un écho sympathique ou antipathique bien avant que la raison ait éclairé son jugement de ses vives lumières et dicté ses résolutions.

4.

Si, subissant l'influence fatale de ses premières impressions, il lui arrive, par hasard, de faire commettre de graves fautes, elle saura promptement trouver dans la souplesse de son imagination la force suffisante et les moyens convenables pour réparer le mal fait involontairement.

FAUSSES COUCHES

ACCOUCHEMENT AVANT TERME

Beaucoup de causes peuvent les provoquer. Leur étude complète n'entre pas dans la tâche que je me suis imposée. Je ne dirai pas quels sont les dangers de la danse, de l'équitation, de la course, de tout exercice, en un mot, s'accompagnant de secousses plus ou moins violentes, de tout travail nécessitant un grand développement de forces musculaires. Des femmes avortent pour le plus léger ébranlement; d'autres, bien rares, il est vrai, malgré des mouvements désordonnés, même des chutes horribles, ont pu arriver à terme.

Mais la cause sans contredit la plus fréquente de l'avortement est le coït exagéré de la lune de miel. Elle seule m'occupera.

C'est du deuxième au quatrième mois

surtout que les avortements sont le plus nombreux. On pourrait même affirmer qu'à Paris il existe peu de femmes qui n'aient pas eu une fausse couche trois mois après la célébration de l'hymen, ou bien dans le cours de la première grossesse.

Il serait donc logique de poser en principe absolu qu'une femme qui a déjà fait une fausse couche devrait, à une grossesse nouvelle, observer la continence la plus sévère.

Influence de l'abus du coït du deuxième au quatrième mois. — Son mode d'action est très facile à concevoir : ou le coït est trop impétueux, ou, sans être impétueux, il s'accompagne d'un plaisir très vif. Dans le premier cas, il y a ébranlement direct de l'utérus (matrice), décollement de l'œuf quelque part, épanchement de sang entre lui et la face interne de la matrice, contraction de celle-ci et expulsion hâtive du produit. Dans le second cas, il y a congestion de la matrice, par le seul effet de l'orgasme vénérien, hémorragie, décollement de l'œuf et, enfin, encore expulsion du produit.

Exemple :

Je fus mandé un jour chez un maître cordonnier, ex-militaire, pour une hémorragie très abondante survenue à sa femme.

Je la trouvai très pâle, très émue, couchée sur le dos dans son lit, en proie à de vives douleurs. Le sang coulait toujours, mais en moins grande quantité.

Ma première question fut celle-ci : « Vous êtes enceinte, Madame?

— Je ne sais, Monsieur. Depuis trois mois environ mes règles sont tout à fait irrégulières; elles ont cessé de paraître pendant deux mois; il y a cinq semaines, j'ai commencé à avoir des pertes assez faibles, qui ont considérablement augmenté après le dernier bal, où j'ai dansé avec mon mari. Aujourd'hui j'ai perdu tout mon sang, je vais mourir.

—Non pas encore, Madame. » Et, pour ne pas perdre de temps, je pratiquai le toucher vaginal. Ayant soulevé un petit caillot pour arriver au col de la matrice, je sentis, au bout du doigt, un corps de consistance molle à surface inégale, avec une partie ronde assez volumineuse. Je le saisis, tirai doucement à moi et parvins à extraire un fœtus de trois à quatre mois avec commencement de formation des organes génitaux femelles.

Cette femme avait une fille de trois ans et demi. Elle ne pouvait se croire enceinte, n'ayant, disait-elle, éprouvé aucun des troubles de la nutrition, vomissements et autres, qui l'avaient tant abattue la première fois.

Le mari manifestait le même étonnement.

Et, comme il avait pour sa compagne une grande affection, il ne cessait de répéter : « Je n'y comprends rien, je ne lui laisse jamais faire aucun travail fatigant. Elle s'occupe un peu de cuisine et de confection de chemises. » Il paraissait très malheureux, et s'exagérait même les conséquences souvent funestes d'une fausse couche pour la vie de la mère.

Le lendemain, le jeune marié, qui m'avait semblé très enclin aux plaisirs de l'amour, étant absent, je me permis de faire de nouvelles questions au sujet des causes de l'avortement.

« Madame, votre mari est-il prudent, assez sage en un mot?

— Cela dépend. Il l'est beaucoup plus maintenant, et je n'en suis pas fâchée.

— Depuis votre première perte vous a-t-il respectée?

— Oh! non, Monsieur. C'était au-dessus de ses forces.

— Enfin quelle a été sa conduite?

— Peu de nuits se passent dans le calme complet. La veille du jour où mes petites pertes ont commencé, il y a un mois et demi environ, à son retour d'un voyage obligatoire, s'il m'en souvient, il répara grandement le temps perdu ; et, malgré même l'abondance de mes pertes depuis ce maudit bal, c'est à peine si depuis deux jours, me voyant souffrir de plus en plus, il me laisse en repos. »

Je lui affirmai alors qu'elle devait attribuer son avortement à la vivacité de la passion de son mari. « Vous êtes jeune, vous aurez, lui dis-je, probablement d'autres enfants ; vous tenez de par cette fausse couche une prédisposition à l'avortement. Eh bien ! quand vous serez enceinte, faites-vous respecter. Accordez vos faveurs intimes une fois par semaine au maximum. »

Conclusion : Après la première perte, abstinence, séparation complète. Il faut vite réclamer les soins d'un médecin. Il sera souvent facile, en prenant le mal au début, d'arrêter une perte et de rendre possible la continuation de la grossesse. Tous les médecins ont vu et soigné des cas analogues dans leur clientèle. Je me souviens d'avoir, par un traitement ration-

nel, coupé court à une hémorragie utérine au septième mois. La grossesse suivit
son cours, et un bel enfant vint à terme.

Second exemple : Névralgie vulvaire (des
parties génitales externes) et vulvo-vagi-
nale occasionnées par le coït.

Une des premières conséquences de la
grossesse est de provoquer un afflux de
sang considérable vers la matrice et ses
annexes extérieures, vulve et vagin. Ces
parties acquièrent une sensibilité exquise.

Si aux causes d'excitation venant du
travail interne s'ajoutent celles dues aux
frottements d'un coït exagéré, lequel augmente encore cet afflux sanguin, cette sensibilité prend souvent les caractères douloureux d'une névralgie si violente, que
l'exercice de la copulation arrache des cris
terribles.

Dans d'autres cas, les soins de propreté
faisant défaut et les sécrétions vulvaires
étant plus intenses, il se développe autour
des parties externes de la rougeur, une in-

flammation des glandes diverses avec violent prurigo. Dans ces circonstances, la
première dilatation de la vulve produite
par l'introduction du membre viril s'accompagne de douleurs atroces.

Une jeune mère de vingt et un ans, au
quatrième mois d'une nouvelle grossesse,
vint me consulter au sujet d'une semblable
maladie des organes génitaux, d'une intensité inouïe ; elle voyait arriver avec
effroi l'heure du coucher. Son mari l'ado-
rait et le lui prouvait chaque soir. Elle
avait beau se jurer à elle-même de ne pas
céder, chaque nuit elle se parjurait : « La
chair est faible, disait-elle, et il sait si
bien s'y prendre pour obtenir ce qu'il
veut. » Elle ne pouvait faire lit à part ;
elle en avait un seul et le berceau de l'enfant.

« Le jour tout va bien, ajoutait-elle,
mon mari entend la voix de la raison.
Mais la nuit, impossible ! Pour vous en
donner une idée, Monsieur, sachez que je

l'ai formellement autorisé à s'adresser à d'autres femmes pendant le temps nécessaire à ma guérison ; il n'y a pas encore consenti. Quant à moi, je souffre au point d'être décidée à passer la nuit dans l'escalier. »

Je la consolai et la priai de m'envoyer son cher bourreau. Il vint ; il l'aimait réellement. Je lui fis comprendre la nécessité d'une séparation complète pour quelques jours, s'il ne voulait pas la voir le prendre en légitime horreur. Je lui fis espérer le prompt rétablissement de sa bien-aimée. Il m'écouta, et tout rentra bientôt dans l'ordre. Quelques jours encore de ces excès relatifs auraient certainement occasionné un avortement ; car cette dame m'avait déclaré, en me consultant, avoir éprouvé des douleurs de reins faibles, lentes, sourdes, semblables à celles qui annoncent l'accouchement à terme ; et elle était payée pour les connaître.

L'influence de l'abus du coït, au neuvième mois, s'explique facilement aussi.

En effet, l'utérus ou matrice, à ce moment, a besoin seulement de la plus légère cause d'excitation pour entrer en travail. Il y a plutôt accouchement prématuré qu'avortement. Les suites sont moins graves pour la mère ; l'enfant peut même survivre.

La colère, la frayeur, le chagrin, la joie, sont aussi des causes fréquentes d'avortement. Dans un paragraphe précédent, nous avons insisté sur l'influence d'un état moral satisfaisant par rapport à la parturition. La vue d'objets charmants ou vilains influe aussi sur le développement de l'embryon. De là production de ces accidents bizarres, les envies.

Dans l'antiquité on avait coutume, chez les personnes riches, de remplir le gynécée de statues de dieux et déesses, de tableaux agréables à voir. Apollon et Vénus, dans toute leur belle nudité sculpturale, récréaient les yeux des dames d'Athènes au lever et au coucher.

ACCOUCHEMENT

L'enfant si ardemment désiré est venu au monde. La jeune mère ne se lasse pas de le regarder. A sa vue toutes les douleurs passées se sont évanouies. Elle est toute au ravissement de contempler cet être si frêle qui lui a, peut-être, arraché tant de cris déchirants.

A son chevet est assis son ami dévoué qui la couve du regard et promène ses yeux humides de bonheur de sa compagne adorée à son cher rejeton. Il est père, et ce nom sacré éveille en son cœur tout un monde nouveau d'affection, de saintes joies, mais aussi de devoirs sérieux à remplir.

Les jours se succèdent. A part les af-

faires urgentes, les soins à donner à la
sauvegarde de ses intérêts, il est toujours
près d'elle pour la consoler, la soigner
si elle souffre, tromper l'ennui des longues
heures des quinze premiers jours au
moins qu'elle doit passer au lit, et pour
modérer le bavardage insupportable de
certains visiteurs, complimenteurs impor-
tuns.

Enfin arrive le jour si impatiemment
convoité du premier lever, de la première
petite promenade.

Prends garde, jeune père, de te laisser
aller à des désirs trop hâtifs. Combien de
femmes ont dû les maladies aiguës qui
les ont conduites aux portes du tombeau
aux excès prématurés de cette nouvelle et
courte lune de miel !

Combien d'autres y ont puisé les
germes de ces maladies chroniques de la
matrice, plus tard sources de dégoût et de
répulsion pour leurs maris!

Quelques mots d'explication :

Après l'accouchement commence un état particulier, l'état puerpéral, lequel durera jusqu'au retour des règles normales si la mère ne nourrit pas, environ quarante à cinquante jours.

Dans le cas contraire, ce n'est pas l'apparition des menstrues qui pourra indiquer la fin de cette période, qui a cependant la même durée que dans le cas précédent.

Pendant les cinquante jours consécutifs à la délivrance, la matrice, considérablement développée, revient sur elle-même. Dans les dix premiers jours, s'il n'y a pas eu d'accident, elle est tout à fait redescendue dans le petit bassin et ne fait plus saillie au-dessus du mont de Vénus. Vers le soixante-dixième ou le quatre-vingtième jour elle aura repris son volume primitif.

La matrice, jusqu'au vingtième jour au moins de l'état puerpéral, conserve une irritabilité spéciale. Le moindre excès, le plus petit écart de régime, l'imprudence la plus légère, ont un écho retentissant sur elle, les régions voisines et les membranes qui l'enveloppent, le péritoine principalement.

Les vaisseaux utérins, larges, béants, dont le volume et le calibre diminuent lentement, dont les cicatrices à la surface utérine sont continuellement baignées par l'écoulement lochial sans cesse renaissant, deviennent autant de portes ouvertes aux poisons engendrés par l'altération des humeurs muco-purulentes.

De plus, l'accès facile de l'air est une cause nouvelle d'altération.

Les grands soins de propreté, bien entendu, sont le meilleur préservatif d'accidents ultérieurs et formidables qui se résument en un mot bien connu, même des dames : la *métropéritonite*.

Donc, pendant l'état puerpéral, le mari s'interdira formellement tout rapprochement sexuel. Il attendra le retour normal des règles, quarante ou cinquante jours.

S'il n'a pas l'énergie de dompter ses désirs, à quels dangers n'exposera-t-il pas sa compagne ! Hémorragies répétées, inflammations des organes génitaux, du péritoine, tous accidents qui, s'ils ne causent pas la mort, compromettent à jamais la santé de la mère, après avoir rendu la convalescence longue, pénible, douloureuse, avec une ou plusieurs maladies chroniques comme avenir.

Quelle sera maintenant la conduite du mari à l'égard de la mère qui allaite son enfant ?

Ici il y a un nouvel intérêt tout-puissant qui est en jeu : celui du nourrisson, dont le changement de nourrice peut altérer la santé avant le dixième mois.

Dans la plupart des cas, c'est aussi à ce moment environ que la jeune mère nourrice reverra ses règles apparaître, et, avec elles, l'aptitude à une nouvelle conception.

Si le père abuse du coït, surtout à cer-

tains jours du mois, il surexcitera les fonctions des organes génito-ovariques et fa-
vorisera la formation anticipée, puis la
ponte d'un nouveau germe. Avec la fécondation de l'ovule arrivé à maturité dis-
paraîtra complètement la faculté de l'al-
laitement. Les seins se flétriront, se ré-
tracteront. La succion de l'enfant n'aura
plus son influence bienfaisante sur la *montée
du lait;* bientôt il s'étiolera, faute d'alimentation suffisante par un lait peu abondant ou peu riche en matériaux utiles. Si,
d'un autre côté, la mère, peu intelligente
ou imprévoyante, n'a pas le soupçon d'une
nouvelle grossesse et s'obstine à remplir
ses devoirs de nourrice, elle aura la double douleur de voir sa santé s'altérer, et
par-dessus tout son enfant, suspendu à ses
seins arides, s'épuiser en vains efforts pour
en tirer la vie.

Il serait, certes, à désirer qu'il ne fût
fait aucun sacrifice à la Déesse de l'amour
pendant ces dix mois, mais ce serait beau-

coup exiger des deux époux, du mari particulièrement, dont le rôle dans les soins à donner au nourrisson est si effacé, en comparaison de celui de la mère. Le doute de la fidélité, ce poison du cœur, contribuerait aussi à rendre triste l'existence de la jeune nourrice, et les qualités du lait en subiraient le contre-coup. La nourrice est, en réalité, une sensitive d'une délicatesse et d'une fragilité telles qu'un rien suffit pour lui enlever son influence toute-puissante sur le développement de son cher petit. Les hommes intelligents finiront par trouver un moyen d'obéir à la nature tout en sauvegardant de si grands intérêts. Plus loin, je dirai ce que moralement et honnêtement on peut écrire à ce sujet.

APPLICATION

DE LA LOI DE L'ALTERNANCE

Lire attentivement pour plus de détails les considérations
sur la possibilité d'avoir, etc., etc..., qui suivent cette
étude.

Voici le moment venu pour les époux
de forcer, pour ainsi dire, la nature à réaliser leurs vœux.

C'est à partir de la première réappari-
tion des règles qu'ils devront noter avec
soin les époques normales en mettant en
regard de chaque date un signe distinctif,
par exemple :

O. *m.* (ovule mâle ou germe mâle).

O. *f.* (ovule femelle ou germe femelle).

Chaque fois que l'observation aura été

bien prise et rigoureusement suivie, si le mari veut bien prendre les mesures énoncées plus haut, il aura le bonheur de voir ses efforts couronnés d'un plein succès.

Le premier germe pondu avec les premières règles qui suivent l'accouchement est, il ne faut pas l'oublier, du sexe contraire à celui de l'enfant qui vient de naître. Je n'insisterai pas plus longuement.

DES RAPPORTS CONJUGAUX

L'amour dans le mariage est un sentiment et une sensation qui se transforment avec l'âge.

L'homme à trente ans, la femme à vingt, aiment tout autrement que vingt ans plus tard.

Il y a moins de fougue, de fièvre, mais plus de sincère affection, d'attachement véritable, basés sur une communauté d'existence, de peines ou de joies.

Si, dès le début, il y a eu entente, harmonie, délicatesse dans les premières relations, le bonheur sera presque assuré. Dans le cas contraire, l'existence deviendra pour les deux époux une lourde chaîne, quelquefois un supplice véritable supporté par égard pour les enfants, l'exemple à donner et la société ou plutôt le milieu dans lequel on vit.

Formuler un principe absolu sur le sujet qui m'occupe serait le comble de l'absurde.

Pour mieux frapper l'esprit du lecteur, je vais lui présenter quelques esquisses des mariages *les plus communs*.

I. Une demoiselle est en âge de nouer les nœuds de l'hymen. On lui présente un jeune homme prévenant, aimable, séduisant si vous voulez. Sauf l'attrait de la curiosité, l'éveil des sens, rien ne l'attire vers lui. Avant la première entrevue, les questions capitales (*sic*) ont été débattues, profession, position dans le monde, fortunes, relations, etc., etc. L'union plaît aux deux familles. Une première rencontre a lieu dans une soirée ou un bal d'amis. Le lendemain de la présentation, la mère dit à sa fille, laquelle se doute bien de ce dont il s'agit, mais ne veut pas montrer sa perspicacité :

« T'es-tu bien amusée, chérie ? Je t'ai vue danser bien souvent avec un jeune homme de bonne famille, dit-on, et fort bien élevé.

La Fille. — Ah ! en effet, il a plusieurs fois demandé à être mon cavalier, faveur qui lui a été du reste accordée.

La Mère. — Comment le trouves-tu ?

La Fille. — Je ne l'ai pas très bien examiné, mère ; mais il ne me déplaît pas.

La Mère. — Eh ! chérie, tu es bien grandette maintenant. Tu auras bientôt vingt et un ans, etc., etc. »

Le prétendant, s'il est cristallisé, comme dirait Stendhal, est très vite enthousiaste et plus démonstratif, cela va sans dire.

Les têtes fortes de chaque côté étudient la situation. — Une réunion capitale a

lieu. Ce mariage serait très convenable...
Bref, les parents décident de donner suite
à leurs projets.

Les entrevues se succèdent. La fiancée
est charmante, on lui donnerait le bon
Dieu sans confession ; bien fin qui lui
trouverait un défaut.

D'autre part, le fiancé est l'homme le
plus accompli de France et de Navarre.
Chaque parti vante sa marchandise. Ainsi
se passent souvent les préliminaires. Un
mois après, vient la première nuit de noces
entre deux êtres qui doivent s'aimer par
recommandation ou intérêt, l'un pour
plaire à maman, faire la dame, l'autre pour
arriver à la fortune et parader dans le
monde. Si, soucieux de l'avenir et de son
bonheur conjugal, l'époux sait modifier
les rôles ; si, envisageant la situation avec
intelligence, il veut enfin que l'attraction
précède l'union intime et ne pas uniquement jouir de plaisirs autorisés par monsieur le maire, tout ira pour le mieux. Il

deviendra l'amant de sa femme, qui aura bientôt pour lui toutes les attentions et les chatteries d'une maîtresse aimante et dévouée.

S'il en est autrement, la fièvre des désirs passera vite ; le dégoût et la satiété chasseront brutalement l'amour.

Monsieur vivra de son côté, Madame du sien, à moins que quelque gros scandale n'amène une séparation imposée par les lois sociales.

II. Un homme blasé, saturé de plaisirs faciles, rêvant débauche, scènes lascives, orgies de lupanar, transporte à la couche nuptiale ses honteuses habitudes invétérées. S'il n'a pas su, à l'avance, se faire aimer un peu ; surtout si, dès le premier jour, il ne sait mettre un frein à ses débordements de luxure, il recueillera bien vite le fruit de son infâme conduite.

Certaines femmes, il est vrai, aimantes et ingénues, se plient à tous les caprices de l'époux, qui bientôt les délaissera.

D'autres, Messalines passionnées, éhontées, véritables victimes de leur délire amoureux, nymphomanes dont la lubricité revêt toutes les formes, acceptent avec empressement toute pratique donnant satisfaction à leur ivresse sensuelle.

En dehors de ces êtres dégradés, il y a encore d'autres jeunes femmes dont la complaisance servile envers leur mari a pour causes la naïveté, l'ignorance la plus complète, un défaut d'instinct génital. On me comprend.

Le mariage doit donc être un échange de concessions réciproques. Combien de nœuds formés en apparence dans les plus heureuses conditions dureraient toute la vie, si les époux se soumettaient à cette loi !

L'âge du mari, le commerce de la vie, lui donnent de grands avantages. De lui dépend en quelque sorte la conservation de son bonheur passé. La jeune femme

est comme une terre vierge, avide de produire, qui rendra au centuple la semence
jetée dans son sein.

Est-il doux, honnête et bon, elle suivra
ses conseils, aimera son guide, s'élèvera
bientôt à sa hauteur et pourra lui faire
sentir sa bienfaisante influence. Elle ac-
ceptera facilement son infériorité relative
et momentanée, pourvu que, par sa pru-
dence, son tact et son affection, son mari
ait soin de ne pas imposer brutalement sa
manière de voir, sa volonté bien arrêtée.

Dans les relations, dans l'intérieur, en
présence des amis ou des domestiques, la
femme doit toujours être considérée
comme la souveraine honorée et respectée
de la maison.

Peu ou point de caresses devant le
monde.

Au lit elle trônera en maîtresse absolue, despote même au besoin. Son intelligence, son cœur, la santé de son mari-
amant, l'intérêt de la famille, doivent être

ses seuls guides, pour accorder ou refuser ses faveurs, quand bien même elle devrait en souffrir elle-même.

Est-il ardent, voluptueux, une sage politique de résistance et d'abandon assurera leur bonheur. Des concessions trop faciles pourraient altérer la santé des deux et diminuer le prix des plaisirs consentis. La réciproque doit avoir lieu de la part du mari, lorsque la femme subit par trop facilement l'influence de ses désirs.

Deux époux intelligents, mais d'une complexion amoureuse exagérée, arriveront bien vite à la saturation, à l'épuisement de leurs forces.

Une femme vive, ardente, instruite, se trouvera bien d'un mari plus froid, expérimenté, plus maître de ses sens, qui saura modérer les excès de cette passion, et la contenir dans de justes limites pour le plus grand avantage de la conservation de leur santé et de l'intérêt des enfants.

La boutade de Napoléon Ier à Mme de

Staël est d'un despote, d'un aventurier avide de combats livrés dans le but de satisfaire sa trop coupable ambition. Elle n'est ni d'un mari, ni d'un père de famille.. Non! la femme n'est pas créée exclusivement pour faire des enfants, et mener la vie végétative!

A plusieurs reprises il m'est arrivé de recevoir les confidences suivantes :

« Docteur, je suis le plus malheureux des hommes. J'aime ma femme. Elle a tout ce qu'elle peut désirer : logement coquet, table bien servie, bals, théâtres, etc., et, malgré tout, elle s'ennuie toujours. J'ai beau lui en demander la cause. « Ce n'est rien, dit-elle invariablement. « Ces maudits nerfs me font souffrir. » Elle ne dort pas, ses yeux brillent d'un éclat maladif au fond de leur orbite cernée de bistre ; bref, il me semble la voir s'étioler tous les jours. »

Ce malheureux époux lui donne tout ce qu'elle ne désire pas, mais qu'elle désirerait ardemment, peut-être, si elle en était privée. Pour lui, sa femme est une énigme.

Dans un cas de cette nature, je m'empressai d'aller rendre visite à l'un de ces gracieux sphinx en jupons; je trouvai une vraie chatte malgré tout, pomponnée, bichonnée, blottie avec grâce dans le fond de sa bergère.

Après une causerie médicale sur ses souffrances à peu près imaginaires, j'allai de ma petite tirade préparée à l'avance.

« Ce ne sera rien, Madame; vous avez tout ce qu'il faut pour recouvrer bien vite la santé. Le pays est charmant, votre demeure ravissante, votre enfant bien gentil, votre aimable mari vous aime; vous devez être heureuse malgré votre mal.

— Oh! oui, je suis heureuse! (Avec quel accent indéfinissable elle prononçait ces paroles!) Je suis heureuse, mais je m'ennuie! je m'ennuie!!! »

Combien d'autres comme elle!

Explication. Sa vie est trop calme ; elle se laisse aller au courant insensible de cette eau dormante. Son mari revient harassé, mais heureux de ses brillantes affaires ; au logis il demande le calme et le repos pour réparer les forces d'une journée bien remplie et agitée. Il vit ; elle végète dans son oisiveté et sa nonchalance. Elle sent que, pour lui, elle est tout simplement une femelle plus ou moins choyée chaque nuit, un prétexte à plaisirs calmes et modérés. Elle étouffe de passion contenue, d'uniformité dans sa vie, de bien-être constant ; elle rêve après une chimère, un idéal qui ne ressemble guère à son époux. Il faudrait de temps en temps une petite tempête dans cette existence calme, régulière, monotone.

Un autre type est celui de la liseuse de romans plus ou moins moraux. Que d'hommes ont dû la perte de leur bonheur, la destruction de leurs espérances, à l'influence fatale de certains pamphlets

vides de sens, mais riches de hardiesse in-
croyable, d'images brillantes présentées
dans un style harmonieux, chaud et co-
loré ! Le mari fera bonne garde, et, sans
rien dire, cachera, brûlera même ces livres
empoisonnés.

La lecture des épopées campagnardes
et bourgeoises du romancier français le
plus connu du monde entier, excitant la
gaieté et le rire par ses crudités gauloises,
son style souvent trivial, sera sans effet
sur l'imagination d'une jeune femme.

Elle rira et sera désarmée.

Il n'en est pas de même de ces ouvrages
sans nom, soufflant la discorde à chaque
ligne, prêchant la guerre à outrance dans
les ménages, dont le spécimen le plus
connu et le plus fameux est celui qui a
pour titre *Lélia*. Tout homme soucieux
de son honneur les bannira sans rémis-
sion, à moins que sa femme n'ait soixante
ans.

DE L'ONANISME CONJUGAL

PRATIQUÉ

POUR LIMITER LE NOMBRE DES ENFANTS

INFLUENCE SUR LA SANTÉ

Le trop d'enfants et le peu gâtent le jeu. Malthus a dit : « Lorsque l'aisance pénètre dans une famille, le chef de la maison éprouve le désir de limiter le nombre de ses enfants. » N'en déplaise à messieurs les Anglais et les Américains, cette proposition est vraie et salutaire. Il serait même à désirer qu'il n'y eût pas plus de trois enfants par famille.

Les grossesses nombreuses épuisent les femmes, les exposent à mille maux, sans compter celui de voir leur mari les fuir. Les maladies organiques de la matrice sont bien plus fréquentes chez elles, en

raison du travail exagéré de l'appareil
génital.

Qui oserait soutenir qu'une mère trop
féconde pourra prodiguer, au même degré
à tous ses enfants, les soins si nécessaires
à leur développement physique et intel-
lectuel?

D'un autre côté, si les ressources du
ménage sont très modestes, leur éducation, leur instruction, leur bien-être, subi-
ront de graves atteintes. Il est aussi
prouvé, par des statistiques consciencieu-
sement établies, que la mortalité et la
prostitution augmentent avec le nombre
d'enfants par famille.

En Allemagne et en Angleterre, il
meurt pas mal d'enfants ; en France, beaucoup moins. Quant à la prostitution, la
Prusse, cela est connu, laisse bien loin
derrière elle les autres pays de l'Europe,
même l'Angleterre. Il faut aussi tenir
grand compte du caractère, du genre de
vie des indigènes, de la richesse d'un

pays, pour arriver à la solution de cette haute question.

L'Anglais, l'Allemand du Nord, sont condamnés à l'émigration s'ils veulent pouvoir subvenir aux exigences les plus impérieuses de la vie et, à plus forte raison, arriver à l'aisance ; cela tient surtout au manque de fertilité du sol de leurs campagnes.

En France on est loin d'aimer à s'expatrier. Le pays est si beau ; il rend presque toujours avec usure le peu qu'on lui a confié ; et puis nous avons fort peu de goût, à tort il est vrai, pour l'étude des langues étrangères. L'ensemble de ces raisons péremptoires explique pour quels motifs il y a moins de grandes fortunes en France, mais aussi moins de misère.

Donc, dans l'intérêt de la femme, de la famille, de la société, de l'État, il vaudrait mieux avoir un nombre convenable d'enfants robustes et instruits, au lieu d'une nuée de rejetons destinés à aller errer dans tous les pays, pour ne pas mourir de faim dans leur patrie.

De la louable préoccupation de laisser à chaque enfant une part convenable du patrimoine acquis, est née l'habitude souvent funeste de l'onanisme conjugal.

Sous le prétexte de limiter la famille, le mari et la femme se laissent aller à des pratiques pernicieuses pour leur santé. En effet, par un usage répété, ils acquièrent une certaine perfection, une grande habileté, qui leur permettent de retarder, sans se compromettre, le moment de la volupté. Il en résulte une dépense bien plus grande de fluide nerveux et un affaiblissement considérable.

La répétition fréquente de jouissances peu compromettantes pour leur intérêt direct fait naître une habitude irrésistible qui les expose aux conséquences de la masturbation chez les enfants.

Il ne m'appartient pas d'indiquer les moyens d'empêcher la fécondation tout en accomplissant normalement l'œuvre de chair. Les considérations précédentes sur la période favorable à la fécondation les feront deviner.

Avec les années, les rapports sexuels doivent diminuer de fréquence. Il faut savoir obéir à la nature et ne pas se procurer d'excitation artificielle ; je n'ai aucune prescription positive, absolue, à donner. En effet, l'on comprend que la force, le tempérament, la bonne nourriture, devront influer beaucoup sur les désirs. Là où commenceront les excès pour certaines personnes, d'autres auront à peine senti les premières atteintes de la fatigue.

DE LA

MÉNOPAUSE OU AGE CRITIQUE

DE L'ÉROTISME OU FOLIE AMOUREUSE

QUE L'ON OBSERVE

A CETTE PÉRIODE DE TRANSITION

Par ménopause on entend la cessation complète, définitive, du travail ovarique, de la ponte des ovules, de l'apparition normale des règles.

Cette période franchie, la femme n'a plus de sexe, pour ainsi dire. Elle ne vit plus, au point de vue génital, que par le souvenir et les habitudes acquises.

Mais cette métamorphose ne s'accomplit pas sans avoir un écho profond sur l'ensemble de son organisme, sans laisser quelquefois dans sa constitution des traces très marquées. Les fonctions respiratoires, entre autres, sont complètement modifiées.

Fidèle à la ligne de conduite précédemment tracée, je mentionnerai seulement, parmi les accidents fréquents, les pertes abondantes utérines ou bronchiques, l'anémie transitoire, les troubles intellectuels et cérébraux.

Un seul de ces accidents va faire l'objet d'un examen sérieux. On lui a donné le nom d'érotisme de la ménopause, folie amoureuse, excitation anomale du sens génital. Cette affection n'est pas très rare.

Il y a des circonstances délicates où le médecin devient le confident de soufrances intimes qui troublent à la fois l'équilibre organique et les sentiments moraux.

Cette étroite union qui enchaîne et asservit, dans une certaine mesure, l'être pensant aux instruments de la vie peut se traduire, dans l'état morbide, par des désordres intellectuels ou des anomalies instinctives qui échappent au contrôle et à la domination de la force morale. Dans ce cas, une double mission incombe au médecin : tout en cherchant à rétablir l'harmonie détruite, il devra souvent éclairer et rassurer les consciences inquiètes. Ce trouble de l'instinct génésique est probablement plus commun que n'autoriserait à le supposer le silence des gynécologues. On comprend, d'ailleurs, que bien des motifs peuvent engager les femmes à garder le silence sur un point aussi délicat ; il y en a qui regardent comme une imperfection morale ces excitations anomales du sens génital qui constituent un état morbide ; beaucoup se contentent de lutter en silence, ou d'autres s'abandonnent aux entraînements de leur passion, sans consulter le médecin, qui souvent pourrait intervenir d'une manière utile.

Chez un certain nombre de femmes, le sens génital ne s'éveille que tardivement, tandis que chez d'autres il devance la pu-

berté ; et l'on voit des enfants non mens-
truées éprouver et manifester des désirs
précoces qui s'adressent parfois aux gens
les moins faits pour les inspirer. J'ai reçu
les confidences de mères épouvantées de
ces dispositions, qui, trop souvent, abou-
tissaient à des excès solitaires et qui,
plus tard, faisaient place à l'honnêteté la
plus pudique et à la vertu la plus irrépro-
chable.

Ainsi, aux approches de la vie menstruelle, quand l'appareil génital va révéler
son aptitude fonctionnelle, des excitations
anomales peuvent se manifester dans la
partie du centre nerveux où se centra-
lisent les sensations et les instincts qui
appellent ou encouragent l'exercice de
cette fonction. Il est curieux de voir à
l'autre extrémité de cette période de la
vie, quand l'ovaire va rentrer dans le silence, quand l'appareil générateur va
s'atrophier et ne comptera plus dans l'organisme, quand la vie individuelle subsis-

tera seule, survivant à la vie de l'espèce, il est curieux, dis-je, de voir ces mêmes exagérations sensorielles se reproduire en dehors du but qui les explique. Ainsi des phénomènes analogues se manifestent au moment où le lien qui unissait cet appareil à la vie générale va se briser, comme au moment où il se noue.

Le premier fait qui appela mon attention sur ce point remonte à vingt-cinq ans. Je voyais, avec mon excellent maître Chomel, une dame mélancolique, âgée de quarante-six ans environ, dont la folie aboutit, peu de temps après, au suicide. Une de ses amies, personne de la vertu la plus austère et la moins suspecte, me confia que cette pauvre femme était complètement abandonnée par son mari, qui, depuis plusieurs années, n'avait eu aucune relation avec elle ; que dans ces dernières années cette privation, jusque-là bien supportée, était devenue pour la malade une cause de vives souffrances, et cette femme ajouta : « J'étais veuve à cette période de ma vie, et je sais ce que j'ai souffert. »

Je n'eus pas l'occasion d'approfondir cette situation ; c'était la seconde fois que je voyais la malade, elle allait beaucoup mieux, me disait-elle, et ses idées noires s'étaient dissipées. A ma visite suivante, en approchant de sa maison, j'appris qu'elle venait de se précipiter du troisième étage et qu'elle était morte instantanément [1].

Peu de temps après, je fus consulté par une dame anglaise, âgée de quarante-huit ans, femme d'un clergyman de Londres et mère de huit enfants. Elle avait souffert, quelques années auparavant, d'une métrite catarrhale, pour laquelle on lui avait fait subir plusieurs traitements.

Depuis sa maladie, elle avait cessé de cohabiter avec son mari. Cette dame se plaignit d'abord de dyspepsie, de constipation ; mais, au bout de quelques jours,

---

1. *Gazette hebdomadaire*, 1872.

elle m'avoua que sa maladie principale consistait en spasmes érotiques qui se répétaient plusieurs fois par jour, sans aucune provocation de son imagination, et sans qu'elle pût même les réprimer. Un jour, étant avec elle et une de ses amies, je fus témoin d'une de ces crises : elle marchait dans la chambre, elle s'arrêta tout à coup, rougit ; ses yeux devinrent fixes, un léger tremblement agita ses membres, et sous elle s'échappa une sécrétion liquide sécrétée par les glandes vulvo-vaginales. Cette malade n'était qu'accidentellement à Paris. Cette affection lui inspirait une tristesse profonde. Entourée d'une famille respectable, de filles déjà mères à leur tour, elle n'avait osé en confier le secret à son médecin habituel qui, ne voyant là qu'un état nerveux, lui avait conseillé un voyage sur le continent. Je lui donnai quelques directions et la perdis de vue. J'avais obtenu une amélioration dans l'état des organes digestifs, et la malade, se sentant mieux, quitta la France. Depuis je n'ai pas eu de ses nouvelles. J'ai cité ce fait avec quelques détails, parce qu'il offre la maladie sous son type le plus accentué. Il y avait chez cette dame non seulement des désirs, mais des jouissances involontaires, on pourrait dire des pollutions diurnes. Je rapporterai deux autres faits qui nous montrent la même affection sous des formes peu différentes[1].

Une dame, qui a aujourd'hui cinquante ans, avait eu un enfant à l'âge de vingt-deux ans; depuis lors, d'après le conseil très peu motivé d'un médecin, elle avait vécu privée de toutes relations sexuelles, pour ménager, lui avait-on dit, la délicatesse de son mari. Celui-ci était un hypocondriaque et très préoccupé de sa santé; il avait accepté cette séparation qui lui avait été présentée comme une condition de sa conservation. Cette femme, ornée

---

1. *Gazette hebdomadaire.*

de tous les dons de la nature, entourée de toutes les séductions du monde, avait vécu de la manière la plus austère, et ne s'en faisait aucun mérite, car elle n'avait jamais senti l'aiguillon des passions. Elle avait eu des antécédents arthritiques dans sa race, et avait présenté elle-même quelques très légères manifestations herpétiques, bornées à un pityriasis passager; ces lésions cutanées furent remplacées par une affection que j'ai observée plusieurs fois chez les femmes. Elle souffrit pendant plusieurs années d'une irritabilité telle de la vessie qu'elle ne pouvait résister aux besoins d'uriner, qui se faisaient sentir à des intervalles très rapprochés, et très souvent dans la journée. Chomel, qui lui donnait alors des soins, constata une antéversion un peu exagérée de l'utérus, lui prescrivit l'usage d'une ceinture à plaque qu'elle supporta mal et qui ne lui apporta aucun soulagement. Tenant compte des manifestations herpétiques,

héréditaires chez elle, il lui conseilla quelques bains légèrement sulfureux......
Pendant sept à huit ans, malgré des épreuves très pénibles et un dévouement pour les siens, qui lui imposait parfois des fatigues au-dessus de ses forces, cette dame jouissait d'une santé en apparence florissante. Jusque-là mince et élancée, elle prit de l'embonpoint; et en même temps les glandes mammaires acquirent chez elle un développement incommode. Elle était sujette cependant à des douleurs et à des sensations de pesanteur dans la région sacro-lombaire, qui s'exaspéraient au voisinage des époques menstruelles et quelquefois devenaient assez violentes pour lui commander le repos. Elle avait environ quarante-six ans; les règles devinrent très abondantes; une fois, des accidents pelvipéritoniques de courte durée vinrent compliquer ces malaises qu'elle n'avait pas assez écoutés. Les conditions de sa vie de famille devinrent de

plus en plus pénibles, et, sous l'influence de ces causes physiques et morales réunies, la nutrition s'altéra ; elle continua à engraisser plutôt qu'elle ne maigrit, mais une teinte anémique s'accusa sur les lèvres et les gencives, et elle éprouva quelques phénomènes dyspeptiques auxquels s'ajoutèrent des douleurs vives sur le trajet du nerf sciatique droit. Ayant pratiqué alors le toucher, je constatai que l'utérus était appliqué contre le pubis et qu'une tumeur d'apparence fibreuse, grosse comme une petite pomme, adhérente à l'utérus, occupait le cul-de-sac postérieur. Je prescrivis des applications narcotiques qui atténuèrent beaucoup cette névralgie. Vers cette époque, cette dame me confia que son instinct génésique, qui, jusque-là, avait semblé dormir dans l'inaction, s'était éveillé avec violence à la suite de bains d'Ems qu'elle avait pris par occasion et sans mon conseil, y étant allée pour accompagner son mari ; ces excitations

étaient devenues pour elle un véritable ·
supplice, se faisant sentir surtout quand
elle était couchée. Elle se levait, marchait
une partie de la nuit sans pouvoir les
apaiser ni les oublier, et une ou deux fois
un léger attouchement, presque involontaire, après des luttes de plusieurs heures,
avait amené une crise voluptueuse qui
l'avait laissée plus calme, mais épuisée,
anéantie, brisée. Sa vertu sévère lui inter-
disait d'ailleurs tout ce qui pouvait exciter
ses sens, et, en dehors de ces accès de
fureur érotique, son imagination n'était
hantée que par les pensées les plus chastes
et les plus pures; elle se reprochait ces
sensations et ces désirs sur lesquels sa
volonté restait sans contrôle; elle s'en
trouvait humiliée et profondément affli-
gée; ces tourments, qui l'empêchaient de
dormir, la torturaient depuis plusieurs
mois, et elle n'avait pas osé jusque-là
m'en faire l'aveu. En la rassurant sur la
responsabilité que sa conscience pouvait

assumer dans ces sensations involontaires,
je lui prescrivis un traitement rationnel...
J'obtins assez rapidement sinon une ex-
tinction complète, du moins un apaise-
ment considérable de ces symptômes pénibles. L'anémie avait fait des progrès
considérables sous l'influence de l'insom-
nie et de ces dépenses nerveuses de toutes
sortes subies par la malade ; craignant
qu'elle ne contribuât à augmenter et à en-
tretenir les aberrations et l'excitabilité
exagérée du système nerveux, je changeai
la médication...

La malade reprit de l'appétit, des forces
et des couleurs; les douleurs lombaires et
sciatiques s'apaisèrent ; sous l'influence de
la fatigue, de la station prolongée, du
molimen cataménial, la malade en subis-
sait de temps en temps quelques retours,
mais elles étaient beaucoup plus suppor-
tables. Pour prévenir l'excès de la congestion utéro-ovarienne, qui se traduisait
par l'exagération et par des douleurs

lombo-pelviennes, je faisais garder à la malade la position horizontale pendant la durée de ses règles. Depuis cette époque, il y a cinq ou six ans environ, la malade, qui a aujourd'hui cinquante ans, a retrouvé la santé ; elle a bien encore éprouvé parfois quelques ressentiments affaiblis de ses misères, mais alors un traitement convenable l'a maintenue dans un équilibre satisfaisant, quoique des épreuves de tout genre soient venues l'assaillir, sans compromettre sérieusement son rétablissement.

Je suis entré dans des développements un peu étendus à propos de cette malade, parce que depuis vingt-trois ans elle est soumise à mon observation, et que j'ai pu connaître les détails intimes de sa situation mieux qu'il n'est ordinairement possible au médecin de le faire.

Ma dernière observation sera plus courte. La malade n'habite pas Paris ; je ne l'ai vue qu'en passant, et je ne la connais pas assez pour affirmer les conditions morales dans lesquelles elle se trouve, comme je puis le faire pour celle dont je viens de rapporter l'histoire et qui, dans une confiance confirmée par une amitié de vingt années, n'a pu me cacher aucun de ses secrets [1].

Cette dame, qui a aujourd'hui une cinquantaine d'années, a été mariée à un homme valétudinaire, dont pendant de longues années elle fut la garde-malade plutôt que la femme. Cette situation développa chez elle, comme cela a lieu habituellement, une disposition névropathique à expression variable et mobile. Elle devint veuve vers l'âge de quarante ans, et, quand la menstruation commença à se troubler, les désordres d'innervation se localisèrent dans l'appareil générateur et présentèrent la forme singulière que je vais décrire. Sans aucune provocation de l'imagination, sans excitation venue du

[1]. *Loc. cit.*

dehors, au milieu du monde, à table,
pendant le cours d'une conversation banale, elle était prise de spasmes érotiques
qui duraient parfois plusieurs heures, et
la rendaient presque étrangère à ce qui
l'entourait ; elle entendait sans comprendre, répondait sans avoir une conscience nette de ce qu'elle répondait, ne
voyait plus ; sa figure s'empourprait, la
peau se couvrait de sueur, et elle sortait
de ces crises voluptueuses involontaires,
brisée, anéantie. Il lui est arrivé, faisant
des voyages en chemin de fer, d'éprouver
douze heures de suite, presque sans interruption, ces sensations érotiques, suivies
d'un épuisement tel qu'elle ne pouvait se
soutenir qu'avec peine, et était obligée
de garder le lit.

Les fonctions nutritives s'altérèrent,
bien qu'elle conservât de l'embonpoint ;
elle devint très anémique, très faible ; elle
était désespérée de cette situation qui lui
faisait prendre la vie et elle-même en dé-

goût. Ne dirigeant cette malade que de loin et ne correspondant avec elle qu'à des intervalles éloignés, je ne parvins pas à lui inspirer cette persévérance et cette exactitude dans l'emploi des moyens thérapeutiques qui seuls peuvent assurer le succès, surtout quand ils s'adressent à des affections de cette nature. Les spasmes érotiques devinrent plus rares, et la nutrition s'accomplit plus régulièrement ; mais la malade, ne voulant pas répéter à un médecin qu'elle voyait habituellement, les confidences qu'elle m'avait faites, brisa son traitement ou l'entremêla d'autres prescriptions qui, faites dans l'ignorance de l'élément principal de la maladie, n'étaient pas appropriées à sa situation. Aussi l'amélioration, quoique très notable, demeura stationnaire, et la malade, plus calme au point de vue des excitations génésiques, continua à souffrir encore de troubles névropathiques variés.

J'ai été consulté, en 1870, par une

femme de quarante-cinq ans, d'une conduite austère, et qui avait très peu usé des
relations sexuelles, quoique mère de six
enfants. Elle avait eu le dernier il y avait
six ans, et depuis lors elle s'était complètement abstenue de tout rapport conjugal ;
avant cette dernière couche, elle avait été
traitée par Jobert pour un engorgement
de l'utérus qui l'avait d'autant plus préoc-
cupée que sa mère avait succombé à un
cancer utérin.

Depuis quelque temps, cette dame était
tourmentée par des troubles nerveux ; ses
règles, qui venaient régulièrement, étaient
précédées, pendant cinq à six jours, de
gonflement, de douleur et de sensibilité
exquise des seins ; elles étaient suivies de
leucorrhée abondante. Depuis quelque
temps, quand son mari venait la caresser
sans accomplir l'acte conjugal dont il re-
doutait les conséquences, elle, qui jusque-
là avait été plutôt froide qu'entraînée vers
les plaisirs sexuels, éprouvait une excita-

tion violente suivie d'un sentiment d'épuisement qui durait pendant deux ou trois
jours ; elle ressentait alors de la faiblesse
des jambes, des douleurs et des tremble-
ments à la partie antérieure des cuisses,
de la sensibilité et de la douleur dans la
région iliaque droite.

Dans ces conditions, elle fit un voyage
à la Bourboule pour y conduire sa fille ;
elle prit les eaux en bains et en injections ;
elle éprouva alors une excitation génésique excessive et portée à un degré tout
à fait inconnu pour elle. Elle ne pouvait
dormir ; l'instinct génésique s'emparait de
son imagination et la ramenait sans cesse
au souvenir de scènes conjugales qui lui
avaient bien moins causé d'émotion quand
elles s'étaient accomplies. Elle passait des
nuits entières à se promener avec la sensation d'un poids et d'une contraction
dans l'utérus. Elle sentait qu'elle avait
une matrice, dit-elle, tandis que jusque-là
elle ne s'en doutait pas. Elle éprouvait,

en outre, un insupportable prurit au pénil
et au clitoris, et était entraînée à se gratter
avec fureur.

Quelques jours après son retour des
eaux, ces symptômes se modérèrent sans
s'apaiser complètement ; elle accusait toujours une douleur dans la région iliaque.
L'examen des organes génitaux ne me fit
constater aucune rougeur ni aucune affection herpétoïde de la vulve. La nymphe
droite (grande lèvre) était un peu allon-
gée, gaufrée et enroulée, caractères qui
témoignaient qu'elle avait été soumise à
des tiraillements.

L'utérus était volumineux, antéfléchi à
son fond ; l'orifice béant bavait un mucus
visqueux et transparent. Je lui conseil-
lai, etc.... Je n'ai pas revu cette malade,
et j'ignore si mes prescriptions lui ont été
utiles. J'ai rapporté, dans leur expression
naïve, les sensations qu'elle éprouvait et
qui répugnaient à la pureté de ses principes...

Pour résumer les observations que j'ai recueillies sur ce sujet, je dirai qu'aux approches de la ménopause, des femmes qui jusque-là avaient des instincts érotiques modérés, ou qui même avaient de l'indifférence pour les rapports sexuels, sont parfois tourmentées par des excitations génésiques violentes, insupportables, que le séjour au lit augmente quelquefois ; mais d'autres fois, elles se font sentir pendant le jour, en dehors de toute provocation extérieure, de tout entraînement de l'imagination, dans les circonstances mêmes qui sembleraient devoir écarter ces aberrations sensitives. C'est au milieu de leur famille, de leurs enfants, debout, en voiture, au milieu d'étrangers, que ces sensations irrésistibles viennent chercher les malades, accompagnées ou suivies d'impressions voluptueuses. Ces crises érotiques peuvent être de très courte durée et se répéter plusieurs fois dans la journée ; elles peuvent durer plusieurs heures. En général, le voisinage de la période cataméniale les augmente, les rend plus fréquentes. Ces espèces de pollutions féminines fatiguent les malades, les épuisent, et sont habituellement accompagnées de troubles névropathiques, tels que des névralgies, de l'hypocondrie, de l'hystéricisme ; la tristesse, les scrupules, le dégoût de la vie, en sont la conséquence habituelle. Telle était, du moins, la disposition morale des malades que j'ai observées. Comme dans la plupart des névroses, la fonction hématopoiétique (qui fait le sang) s'altère ; des signes d'anémie s'accusent plus ou moins, suivant la durée et l'intensité de la maladie, et cette anémie secondaire, comme dans les autres névroses qu'elle vient compliquer, prolonge et augmente les troubles d'innervation par une sorte de cercle vicieux. Quoique la gastralgie et la dyspepsie viennent ordinairement s'ajouter aux autres anomalies fonctionnelles, les malades peuvent conserver de l'embonpoint. J'ai noté chez plusieurs un développement considérable des glandes mammaires, et je me suis demandé s'il ne pouvait pas avoir quelque connexion avec l'excitation exagérée de l'appareil génital, car tout le monde sait que dans l'état physiologique les excitations de l'apparëil utéro-ovarien réagissent sur les mamelles, et réciproquement.

Chez la plupart des malades qui m'ont présenté cette vésanie génitale, j'ai constaté ou l'on avait constaté antérieurement des lésions de l'appareil générateur. Chez une des malades dont j'ai rapporté l'observation, un engorgement de la matrice avait motivé des cautérisations profondes suivies d'atrésie de l'orifice utérin ; chez une autre existait une tumeur fibreuse adhérente à la face postérieure de l'utérus. Chez les sujets prédisposés aux affections névropathiques, une lésion locale devient souvent le prétexte des troubles

d'innervation et en détermine la localisa-
tion. J'ai dit en commençant quel rôle on
pouvait attribuer à la ménopause dans
cette affection ; mais, comme je l'ai si-
gnalé à cette occasion, d'autres modalités
fonctionnelles peuvent la provoquer. J'ai
ajouté qu'on l'observait quelquefois à
l'époque de la puberté. Elle n'est pas rare
chez les femmes mariées qui vivent dans
la continence. Cette situation, quand elle
a pour cause l'impuissance du mari,
amène très souvent des accidents hystériques, quelquefois du vaginisme, et j'ai
observé plusieurs cas d'érotisme ou de
satyriasis féminin développés sous l'influence de cette condition anomale. Les
excitations non satisfaites, qui en sont le
résultat, produisent des troubles d'innervation, et plus d'une fois j'ai été consulté
par de pauvres femmes tourmentées par
ces appétits sexuels qui indignaient leur
vertu ; j'en ai vu qui cherchaient dans
l'épuisement des fatigues physiques, dans

un régime austère, un calme qu'elles n'y trouvaient pas ; et alors, honteuses de l'aveu qu'elles étaient obligées de faire, elles réclamaient le secours de la médecine [1].

Je dois à l'obligeance d'un de mes amis la connaissance de l'observation suivante qui offrira au lecteur le type le plus accentué des accidents érotiques de la ménopause. Je transcris la note remise.

Quelques mois après mes débuts, je fus mandé auprès d'une femme de cinquante ans environ, célibataire, ayant encore des règles assez régulières, qui n'avait jamais donné en aucune façon prise à la médisance (je l'ai su depuis).

D'une intelligence assez bornée, elle se plaignait de douleurs dans les reins et le bas-ventre, sans pouvoir bien en rendre

1. Les pages précédentes ont été prises en majeure partie dans la *Gazette hebdomadaire*, 1872. — (Articles du Dr N. GUENEAU DE MUSSY.)

compte, avec ardeur et cuisson des parties génitales. Bientôt l'urine devint rare,
mais le besoin d'uriner presque constant.
Je prescrivis un traitement sédatif et des
bains calmants. Quelque temps après,
cette femme accusa des sensations, des
envies particulières qu'elle n'avait jamais
eues ; elle se plaignit de spasmes, de
crampes, de convulsions. Elle faisait des
rêves impossibles, disait-elle, était tourmentée par des désirs inconnus jusque-là.
Tous ces accidents me parurent nerveux,
ou du moins je jetai ce voile sur mon
ignorance. Le traitement prescrit ne pro-
duisit, pour ainsi dire, aucun résultat.
La malade changeait à vue d'œil. A
chaque visite, le matin, ses yeux me sem-
blaient plus brillants, plus enfoncés. Je
lui donnais mes soins depuis un mois,
lorsqu'un soir l'on vint me chercher en
toute hâte. En présence d'une de ses
amies, ma malade venait d'avoir, disait-
on, une attaque. Je m'empressai d'ac-

courir et assistai à un accès hystérique des plus évidents, avec spasme cynique des plus marqués. Je commençai alors à entrevoir la vérité.

Le lendemain, après avoir pris mille formes oratoires pour savoir les débuts de l'attaque, j'acquis la conviction que la grande scène hystérique avait été précédée de sensations voluptueuses très intenses.

Les accès hystériques se répétèrent malgré tous mes efforts. Il ne se passait plus de jour qu'on ne vînt me querir dans la crainte de voir cette vieille fille succomber. Son regard excitait la compassion. Dans ses bons moments, son attitude triste indiquait le désespoir et la crainte de devenir un jour victime de cette lutte atroce.

Pendant ce temps, l'anémie et le chagrin continuaient leurs ravages. Elle en vint au point de pouvoir à peine marcher. Vainement j'avais essayé, à plusieurs reprises, de la soumettre à l'hydrothérapie. L'idée seule de se voir sous la douche froide ou dans le maillot humide lui donnait des frissons.

Il y avait six mois que durait cet état, sans amélioration sensible pour la malade, ni satisfaction pour le médecin.

J'avais mis à contribution tout l'arsenal des antispasmodiques, antinerveux et autres. Seuls les bains sédatifs avaient paru avoir quelque influence momentanée.

De guerre lasse, un certain jour, j'arrivai avec la résolution formelle de prescrire le traitement hydrothérapique. Ma malade se promenait dans sa chambre. A ma vue, elle tend les bras, balance la tête avec une mimique horrible de lubricité, et se jette sur moi en me prodiguant les plus tendres baisers. Totalement hébété, je me laissai faire d'abord ; mais, quand je voulus m'arracher à son étreinte, ses bras étaient devenus comme un cercle de fer. L'orgasme vénérien s'empara d'elle, heureusement, et me permit de me délivrer. L'accès hystérique lui succéda instantanément, simultanément pour mieux dire.

Lorsque la raison fut revenue à la malade, je prétextai une visite urgente et la quittai anéantie et humiliée de son délire amoureux.

Le lendemain, j'imposai, comme condition formelle de la continuation de mes soins, le traitement hydrothérapique. Elle s'y soumit et s'en trouva bien. Deux mois après, ses sens avaient abdiqué. Depuis cette époque, trois ans se sont écoulés, et je ne sache pas que le sens génital lui ait imposé de nouvelles tortures.

DE L'AMOUR

CHEZ LES VIEILLARDS

Les deux époux ont mené une vie sexuelle sage, régulière.

Exempts de maladies et d'infirmités, ils éprouveront, à de longs intervalles, le besoin de se rappeler les plaisirs de leur jeune temps.

Quand on est vieux on s'aime tout autant ; on se le prouve moins souvent, voilà toute la différence (*Monsieur et Madame Denis*).

Pour les vieillards, et surtout à cause du mari, je n'admets que le coït du matin.

Chez eux, en effet, la digestion est plus lente. Au lieu de quatre heures d'intervalle après le repas, il faut en laisser huit au minimum. C'est dans cette limite que l'excitation générale, née des rapprochements sexuels, aura le moins d'inconvénients. Souvent, il est très vrai, un bon dîner est la cause de velléités amoureuses ; l'homme âgé s'attachera à maîtriser cette ardeur passagère.

Beaucoup de cas d'apoplexie foudroyante sont dus à l'activité de la circulation provoquée par un coït inopportun.

Les artères des vieillards subissent une altération particulière qui leur fait perdre une grande partie de leurs souplesse, élasticité et résistance. Les parois artérielles deviennent dures, friables, athéromateuses.

Cette altération s'étend aux artères du cerveau. Elle y affecte une forme particulière, l'anévrisme. On comprend facilement alors qu'une suractivité de la circulation, par un orgasme vénérien répété, puisse amener la rupture de cet anévrisme, l'hémorragie, l'apoplexie, et souvent la mort foudroyante.

Je vais examiner maintenant l'amour des vieillards dans deux cas différents :

1º Le vieillard est veuf ou veut se marier sur le tard.

Il n'a jamais surmené ses forces ; la vue de jeunes femmes, leur fréquentation, les plaisirs variés des théâtres, troublent ses nuits solitaires. Des pensées, des images lascives, hantent son imagination. Il n'est pas encore arrivé à cette frigidité qui lui permettra de vivre par le souvenir et de se contenter des plaisirs des yeux. Il veut se marier ou se remarier : quelle femme prendra-t-il?

Il faut toujours qu'il y ait harmonie entre l'âge des futurs, jeunes ou vieux; de huit à dix ans d'intervalle, au moins. La femme vieillit ordinairement plus vite que l'homme. Ce dernier pourra peut-être encore être vert, vigoureux, agréable à voir à soixante ans, tandis qu'une

femme de cet âge sera flétrie, ridée, rata-
tinée.

Il ne suffit pas encore, dit Lamettrie,
d'assortir des époux d'une bonne constitution, craignez d'unir la jeunesse à la
caducité. Junon n'éclaire jamais la couche
de pareils époux de ses riants flambeaux.
C'est Tisiphone, armée de sa torche infer-
nale, qui y préside. Voyez cette jeune
femme unie à un homme d'un âge avancé,
elle évite sans cesse ses froids embrassements, ses baisers lui sont odieux ; telle
que l'Aurore sortant des bras de Tithon,
ses joues sont toujours baignées de
larmes. Qu'Atys fut heureux de n'avoir
allumé dans le cœur de Cybèle que de
chastes feux ! S'il eût été forcé d'essuyer
les caresses de cette vieille amante, il aurait bientôt expiré entre les bras de cette
déesse ; car il règne dans le corps des
vieillards une sécheresse fatale qui tarit
dans les jeunes gens le principe de la vie,
l'humide radical. Dans ces deux âges si

opposés, la liqueur prolifique a des qualités si contraires, que si de leur concours
il naissait un enfant, l'infortuné traînerait
une vie languissante, et maudirait sans
cesse les auteurs de ses jours...

Si la position de fortune du vieillard
lui permet d'acheter la possession d'une
jeune fille, c'est un libertin ou un imbécile. Dans les deux hypothèses le résultat final sera le même. La jeune femme
se consolera des caresses du satyre en prenant un ou plusieurs amants.

Quant au vieil époux, il perdra bientôt, au contact de ce feu ardent, le peu de
force et de vitalité qui lui restait. Six mois
d'une telle union auront plus débilité son
corps que dix ans d'un mariage raison-
nable.

2° La femme est veuve, d'un âge
avancé ou bien aux approches de la ménopause.

Dans ce dernier cas, il faut tenir
compte des considérations particulières

dues à la différence du sexe. Elle attendra, si elle a déjà goûté les douceurs de la maternité, qu'elle ait traversé cette phase de son existence. Si elle n'a pas eu le bonheur d'être mère, dans l'intérêt de sa santé, voire même de sa vie, elle devra encore attendre. Tout le monde sait combien est difficile, douloureux et dangereux l'accouchement chez les femmes âgées qui n'ont jamais été mères antérieurement.

Elle recherchera aussi un mari de son âge ; dans le cas contraire, elle recueillera bien vite les fruits de sa lubricité.

Si elle parvient à trouver un corps sans âme qui ait consenti à se vendre dans le seul but de se procurer une existence facile et large, elle le verra bientôt l'abandonner à ses désirs inassouvis, et prendre avec des courtisanes, gorgées de ses écus, les plaisirs que sa lubricité avait rêvés. Elle se consumera dans l'attente et la jalousie, et ne pourra trouver aucune amie sincère dans le sein de laquelle elle puisse épancher ses pleurs, ses remords, ses regrets tardifs.

Si, au contraire, elle affiche sa colère et ses prétentions, elle deviendra en peu de temps un objet de risée et de dégoût.

Une opulente vieille, dit encore Lamettrie, ne manquera pas d'adorateurs ; son visage sillonné de rides, ses yeux enflammés, ses dents noires, son horrible figure, ne seront pas assez puissants pour les écarter. Si, tourmentée d'une folle passion, elle veut goûter d'un hymen tardif, un jeune amant, ambitieux de ses grands biens, soupirera auprès de ce squelette. La jouissance d'un immense revenu n'empêchera point le dégoût de le suivre dans le lit nuptial ; il repoussera les ardeurs de son épouse. De là naîtront les pleurs, les plaintes amères, la jalousie et la fureur ; peut-être un poison mortel avancera les jours de l'époux infidèle.

C'en est assez sur ce sujet.

Et maintenant, notre tâche terminée, nous adressons tous nos vœux et remerciements à tous nos lecteurs, en les priant de suivre nos sages conseils et de recommander ce petit livre à leurs amis.

CONSIDÉRATIONS

SUR LA POSSIBILITÉ D'AVOIR

UN GARÇON OU UNE FILLE

AVANT-PROPOS

Depuis longtemps, je cherchais la très intéressante solution du problème de la procréation facultative des garçons ou des filles, lorsque, par une belle nuit d'été, faisant une promenade silencieuse et solitaire, l'idée lumineuse me vint que, peut-être, la femme formait chaque mois, tantôt des germes mâles, tantôt des germes femelles. Cette hypothèse, qui sortait du domaine de la fiction, de la manœuvre mystérieuse, pour rentrer dans celui plus sérieux des sciences biologiques, me séduisit à un tel degré, m'enflamma d'une telle ardeur que je pris la résolution formelle de la vérifier le plus tôt possible, et de la formuler plus tard en loi, s'il y avait lieu.

Un an après environ, le succès d'une prédiction de ce genre vint couronner mes efforts, mes recherches. (Ce fait est relaté plus loin.)

Dès ce moment, l'ivresse de la découverte s'empara de mon cerveau.

« Le voilà donc trouvé, me disais-je, ce grand secret pour lequel tant de théories grotesques ont été avancées, tant de livres piquants et inutiles publiés! La renommée aux cent voix fera connaître la loi de l'alternance au monde entier! Quels remercîments, quelle reconnaissance de la part des époux, jusqu'à ce jour mal secondés dans leurs désirs, en apprenant la bonne nouvelle ! »

Hélas ! cette grande joie, cet égoïsme bien naturel, devaient être de courte durée !

Quelques mois après la confirmation de mon idée première, ayant acheté par hasard un petit livre d'un auteur très en vogue sur les maladies des enfants, j'y trouvai énoncé en quelques lignes ce que j'avais cru jusqu'alors être mon seul bien. Tant il est vrai de dire qu'il n'y a rien de nouveau sous le soleil, en médecine surtout. Combien d'auteurs ne doivent de passer pour inventeurs qu'à la patience et à l'ardeur de leurs recherches !

Cette déception cruelle ne me découragea pas. Ne pouvant revendiquer la priorité de la découverte, puisque je n'avais rien publié le premier sur ce sujet, je fus heureux de constater dans ces quelques lignes qu'elle avait été confirmée un grand nombre de fois.

Cela me donna plus de confiance et, en même temps, plus de courage au travail.

De là naquit le désir de communiquer à mes semblables les résultats certains de mes recherches et de celles d'autrui.

Mais, à force de réfléchir, de ruminer, qu'on me passe le mot, il surgit dans ma tête une nouvelle hypothèse dont la transformation en loi, en principe, après vérification, ne laisse pas de présenter de grandes difficultés. Je l'énonce dans la IIe partie de cet ouvrage, en l'accompagnant des éléments du procès, ou plutôt des documents sur lesquels j'ai pu m'étayer pour lui donner tous les caractères d'une loi biologique. Je suis certain que des faits plus directement positifs viendront la confirmer. J'espère l'avoir énoncée le premier ; s'il en était autrement, ce serait vraiment jouer de malheur.

Le plan de cette étude est simple.

Dans la première partie, j'étudie aussi complètement que possible la loi de l'alternance avec ses corollaires. Avant cet exposé, je donne en deux ou trois pages, pour l'intelligence de la narration, les notions les plus élémentaires de physiologie génitale. Il m'eût été facile d'augmenter ce léger bagage pour le plus grand ennui du lecteur. Mais je désire lui donner quelques connaissances utiles, dont il pourra tirer le plus grand profit, sans le condamner à bâiller d'ennui, à me maudire et à me traiter de pédant. Au surplus, il n'y a rien qui ressemble autant à un imbécile qu'un homme d'esprit qui veut faire parade de connaissances médicales qu'il n'a pas. Est toujours inutile et souvent funeste une demi-ignorance. Notre plus grand romancier lui-même, de regrettée mémoire, n'a pas su toujours éviter le piège à lui tendu par sa recherche de l'excentrique. Ainsi il fait très bien traverser par une balle le bras, de part en part, sans qu'aucun muscle soit touché. Pour toutes ces raisons et pour bien d'autres, le lecteur ne m'adressera pas le reproche d'avoir bourré mon ouvrage de rapsodies médicales et prétentieuses.

La loi de l'alternance établie sur les fondements solides et inébranlables de l'expérimentation, de l'étude des faits, j'aborde la deuxième partie, aussi curieuse et intéressante que la première.

Le premier chapitre a pour titre : *Quel serait le sexe de l'enfant engendré si une jeune fille était fécondée à ses premières règles ?*

Le second : *Contradictions apparentes à la loi de l'alternance.*

Dans un troisième, enfin, j'expose avec quelques détails les doctrines, les fictions, les théories émises pour avoir à volonté (telle est l'expression consacrée) un enfant du sexe désiré. On verra par ces quelques courts aperçus que rien de sérieux ni de scientifique n'a été énoncé. Les plus jeunes écrivains sur la matière copient leurs prédécesseurs ; la forme change quelquefois, mais pas le fond. Une seule théorie, physiologique en apparence, repose sur l'alimentation azotée; elle est complètement fausse.

Enfin l'âge des conjoints influerait sur le sexe; les vieillards, dit-on, procréeraient uniquement des femelles. Tous les jours on voit le contraire.

D'autres, copiant la fable qui a servi à l'abbé Prévost de prétexte à la confection de son opuscule, *la Colonie Rocheloise*, prétendent à leur tour que, suivant la zone et le climat, il y a plus ou moins de garçons que de filles.

J'ai cherché à donner à mon style la forme la plus scientifique avec la plus grande somme de connaissances sérieuses et pratiques.

Dans quelques endroits, craignant d'être ou de paraître inintelligible, j'ai employé quelquefois la forme dialoguée, qui donne au récit plus de piquant et de vivacité.

J'ai la louable prétention d'avoir soulevé bien des questions dont la solution me vaudra l'indulgence des maris et des dames.

J'ai en outre la conviction qu'en observant mes recommandations, bien faciles à suivre, beaucoup de femmes verront leur santé et leur bonheur conjugal se conserver dans tout le premier éclat.

De la méditation des quelques pages de cette étude, il restera dans l'esprit de chaque époux des impressions qui ne s'éteindront qu'avec la vie.

J'ai été très sobre de citations, de noms propres, sauf dans l'exposé des diverses théories anciennes sur la procréation à volonté. Il eût été fort difficile de parler des idées émises sans citer les noms des auteurs ou vulgarisateurs.

DES ORGANES GÉNITAUX

Avant d'exposer cette loi, il est bon de faire connaître quelques notions générales sur les organes génitaux de l'homme et de la femme.

Tout le monde sait que l'homme sécrète, au moyen de glandes extérieures nommées *testicules*, une liqueur spéciale, le *sperme*, renfermant des éléments particuliers, les *animalcules*, *spermatiques*, doués de mouvements très rapides sous le champ du microscope. Seul, le sperme peut féconder les *germes* ou *ovules* de la femme. Une quantité infinitésimale de cette liqueur suffit pour donner à l'ovule la propriété d'entrer en prolifération.

Il est de notoriété générale aussi qu'une

jeune fille n'est nubile qu'après l'apparition des *règles* ou *menstrues*.

Ce phénomène (mot pris dans son acception scientifique) se manifeste à une époque plus ou moins avancée de la vie, suivant la race, le climat, le tempérament de la personne. Sans tenir compte des exceptions, il est démontré que les jeunes filles du Midi jouissent d'une précocité bien plus grande que celles du Nord. En d'autres termes, plus on s'approche du Nord, plus la menstruation est lente à s'établir.

A partir de l'apparition des règles, la jeune fille devient femme, c'est-à-dire apte à procréer, avec le concours de l'homme, un individu semblable à ses générateurs ou parents. La jeune fille commence donc une nouvelle vie, qu'on peut appeler vie sexuelle, vie de reproduction, laquelle s'est annoncée à l'avance, par des modifications aussi sensibles dans l'ordre moral que dans l'ordre physique.

Cette perte de sang, régulière, mensuelle, est tellement connue qu'il est inutile d'insister. Voici qui l'est peu ou, pour mieux dire, pas du tout du vulgaire. Ce phénomène apparent n'est que le contre-coup, la manifestation subordonnée de la fonction d'un organe double, auquel on a donné le nom d'*ovaire*.

Le travail mystérieux de cet organe met environ un mois à s'accomplir. Petit à petit se font la turgescence, la congestion de tout l'appareil sexuel de la femme ; sa sensibilité et ses désirs augmentent ; ses yeux prennent un éclat inaccoutumé ; elle sent l'aiguillon de la volupté la piquer plus que de coutume. Elle entre véritablement en rut. Cet état, très intense chez certaines femmes, est ordinairement beaucoup moins sensible en raison de l'éducation, des progrès de la civilisation, du raffinement des sensations et perceptions qui tiennent les sens dans un constant éveil. Quoi qu'il en soit, nous en appelons aux souvenirs des maris et à l'amour des dames pour la vérité.

Toute cette mise en scène est due à l'éjaculation hors de l'ovaire d'un œuf excessivement petit. En même temps, les vaisseaux utérins, gorgés outre mesure, s'érodent et donnent lieu à un écoulement sanguin (*les règles*), plus ou moins abondant, suivant les femmes.

Ainsi, n'en déplaise aux dames, elles pondent chaque mois un ou deux germes ou ovules dont la fécondation par la liqueur spermatique de l'homme produira un nouvel être.

Il était nécessaire de poser succinctement ces quelques bases pour donner à la suite du récit toute la clarté et l'intérêt qu'il aura certainement pour le lecteur, surtout si, jusqu'au moment où il lira ce petit livre, il a vu la nature se faire constamment un jeu de tous ses souhaits.

DES GERMES DE LA FEMME

Nous appelons ainsi le rapport qui existe entre la ponte d'un ovule, le sexe de ce germe et celui du mois précédent.

Autrement dit, une femme qui vient de faire un ou deux ovules, le plus souvent un seul, pondra, le mois suivant, des ovules d'un sexe différent.

Prenons un exemple :

Et, pour éclairer la question d'un jour plus pur, supposons une jeune femme qui vient d'accoucher d'un enfant mâle, qui ne le nourrit pas, ou qui, du moins, lui a fait seulement téter le premier lait (*colostrum*), lequel a une influence remarquable sur les fonctions gastro-intestinales du nouveau-né pendant les premiers jours qui suivent sa naissance.

Les seins de la jeune accouchée deviennent, momentanément, durs et engorgés. Bientôt ils reprennent leur état normal. La jeune femme continue à perdre (*lochies*) ; mais l'écoulement vaginal est, avec le temps, de moins en moins rouge et abondant. Bientôt même il se borne à ces quelques pertes blanches (*leucorrhée*), qui sont le triste et constant apanage de la constitution des dames de nos grandes villes.

Quarante à cinquante jours se passent dans un calme apparent. Soudain la vie sexuelle reprend le cours régulier de ses manifestations L'ovaire endormi se réveille, un ovule est projeté et les règles reparaissent.

Cet ovule, ce premier germe, après l'accouchement, sera du sexe féminin, le dernier fécondé ayant donné un enfant du sexe masculin. Telle est la loi de l'alternance des sexes.

Pour sa démonstration, j'ai choisi le cas d'une femme qui n'allaite pas son enfant, parce que chez elle le retour de la menstruation est plus rapide.

Mais la loi est absolument vraie pour toutes les mères-nourrices, qui d'habitude récupèrent les fonctions génératrices, vers le dixième mois environ.

Il est vraiment étrange que, malgré les recherches et les travaux de nos devanciers, malgré l'intérêt puissant qui était attaché à la solution de cette haute question de biologie, cette découverte si simple ait si longtemps tardé à se faire jour.

Ainsi que je le dis dans la préface, le hasard seul, aidé de longues réflexions, me donna cette heureuse inspiration, et c'est en procédant par induction que j'arrivai à formuler cette loi.

Elle m'avait séduit à tous les points de vue, naturel et scientifique.

N'est-elle pas, en effet, conforme aux vœux de la nature ?

Pour la propagation de l'espèce humaine, il est certainement indispensable qu'il y ait à peu près autant d'hommes que de femmes. Le nombre de ces dernières est plus élevé, ce qui est très heureux, si l'on considère que, jusqu'à trente ans environ, il meurt plus de femmes que d'hommes.

En second lieu, cette loi est scientifique. Elle repose sur des bases positives ; elle a déjà reçu maintes fois la sanction de l'expérience. Ce n'est plus une fiction, une rêverie, un propos léger destiné à piquer la curiosité comme les théories ou les conseils spécieux et futiles, tout au long exposés dans les ouvrages, tels que le *Tableau de l'amour conjugal.*

Du domaine de la théorie, je résolus de passer dans celui de l'expérience, et me promis bien de mettre cette loi à l'épreuve aussitôt que l'occasion se présenterait. Depuis cette résolution, plusieurs accouchements personnels, si je puis ainsi m'exprimer, n'ont fait qu'enraciner mes convictions.

Une fois le premier voile de l'ignorance tombé, j'avançai d'un pas plus hardi dans la connaissance des phénomènes des fonctions ovariques. Je condensai mes vues nouvelles en une autre proposition dont l'étude fera l'objet de la deuxième partie de cet ouvrage.

Voici le récit des faits ayant précédé deux de ces accouchements :

Avant la triste guerre franco-prussienne, j'accouchai d'un garçon une jeune dame fort gentille et très intelligente. Elle désirait ardemment une fille. L'événement trompa ses espérances.

Quelques mois plus tard, je la rencontrai chez une de ses meilleures amies, à laquelle je donnais des soins. Après les politesses et les banalités d'usage, elle me demanda un petit entretien, lequel eut lieu dans une pièce voisine. A sa première parole, je devinai le reste.

« Quel malheur! Docteur! quel grand malheur !

— Que vous arrive-t-il donc, chère Madame?

— Vous ne devinez pas?

— Pardon! mais, si ce que je devine est la vérité, je ne vois pas là un bien grand malheur! Vous êtes enceinte?

— Hélas! oui, encore; maudit siège! »

Je la calmai par quelque galante plaisanterie, et me rappelai soudain qu'elle rêvait d'avoir une fille.

« Cette fois, ce sera peut-être une fille.

— Vous croyez?

— Je n'en suis pas sûr. Mais voyons... (et je me dis à part moi : « Belle occasion pour vérifier les lois de l'alternance! »)

il y a sept mois que je vous ai accouchée.
Vous rappelez-vous exactement les époques de vos règles à la suite de l'accouchement ?

— Parfaitement », dit-elle après avoir
réfléchi.

M'armant alors de mon crayon, j'écrivis
les dates sous sa dictée, en mettant au-
dessus de chacune une *m* ou une *f*, suivant
l'alternance ; elle s'arrêta.

« Après, Madame ?

— Après, plus rien. »

Elle s'était arrêtée, la malheureuse, à un
germe mâle.

L'ayant examinée, sur sa demande formelle, j'acquis la quasi-certitude d'une
grossesse de trois mois.

« Eh bien, aurai-je une fille, Docteur ?

— Imaginez-vous, chère dame, que je
croyais avoir trouvé quelque chose de
nouveau ; mais je n'y suis plus, j'ai totalement oublié. Mes calculs m'apprennent,
ajoutai-je en riant, que vous aurez l'un ou

l'autre, ce que vous savez aussi bien que moi. »

Avec ces précautions, cette discrétion, l'accouchement eut lieu plus tard, sans accident. Ce fut un garçon. Je lui confessai quelques jours après mon petit mensonge, dont elle ne me garda pas rancune.

Le second fait, qui m'est aussi personnel, est encore plus curieux, en ce sens que je passai pour un prophète, profession perdue depuis les temps bibliques.

Un jour, je reçus dans mon cabinet la visite d'une dame nouvellement accouchée par une sage-femme.

Elle se plaignit de faiblesse générale et d'envies de vomir. Son air m'inspira un certain soupçon.

Comme elle s'exprimait facilement et ne paraissait pas d'une pruderie exagérée, je résolus de poser la question capitale.

« Vous êtes faible et vous avez de fréquentes envies de vomir ?

— Oui, Docteur.

— Avez-vous eu un peu de fièvre, de chaleur à la peau ?

— Pas le moins du monde.

— Quand êtes-vous accouchée ?

— Il y a trois mois et demi environ.

— Vous ne nourrissez pas ?

— Non, Docteur.

— Avez-vous eu vos règles depuis votre accouchement ?

— Une fois, il y a deux mois.

— Diable ! pensai-je. (J'étais tout yeux, tout oreilles.) Ne seriez-vous pas enceinte, par hasard ?

— Oh ! non, Docteur. C'est une plaisanterie ; si vite !

— Pas du tout, Madame. Sans indiscrétion, vous avez couru cette mauvaise chance ?

— Mais, naturellement, Docteur.

— Eh bien, Madame, je crois fort à une grossesse. Rien ne saurait, sans cela, m'expliquer votre faiblesse, vos envies fréquentes de vomir depuis quelques jours. Il faut être prudent, il n'y a pas péril en la demeure ; je vais vous prescrire un tout petit traitement.

« Que la volonté de Dieu soit faite ! » Et elle se leva.

« A propos, Madame, avez-vous eu un garçon ou une fille ?

— Un garçon, Docteur ; mais pourquoi cette question ?

— Parce que, si vous êtes enceinte, ce qui est probable, votre futur enfant sera une fille.

— Vous pensez, Docteur ? »

Et elle me salua avec un léger sourire de doute et d'ironie.

Trois mois après elle revint.

« Vous avez dit la vérité jusqu'à présent, Docteur. Voulez-vous m'accoucher ?

— Comment donc, mais avec plaisir. Vous n'avez plus de vomissements ?

— Non, plus rien. Je me porte à ravir.

« — J'ai peut-être eu tort de vous prédire une fille?

— Non, cela me serait plutôt agréable. »

L'accouchement eut lieu, ce fut une fille.

Depuis cette époque, il m'arriva deux ou trois fois d'être pris à partie par des esprits forts qui avaient laissé toutes leurs illusions dans la lecture de ces ouvrages fantastiques dont il est plus haut question. Malgré eux, la réalisation de mes soi-disant prophéties les avait frappés, et ils cherchaient, en affectant un scepticisme exagéré, à m'arracher mon secret dans un moment de vivacité, ce dont je me suis bien gardé avant l'heure voulue.

Dans une question aussi importante, il est essentiel que chacun apporte son concours et son dévouement pour multiplier le nombre des faits qui lui donneront force de loi.

Le rôle du médecin est malheureusement subordonné à celui de la femme, qui seule pourra lui fournir les renseignements nécessaires. Un oubli de sa part peut, en apparence, battre en brèche la proposition ci-dessus énoncée. Il faudra bien se garder alors de s'inscrire en faux. Dans les sciences biologiques, un fait négatif ne prouve rien, lorsque déjà plusieurs faits certains et bien étudiés sont venus donner l'appui de leur confirmation à une proposition émise. Il faut seulement tenir compte des faits négatifs, les soumettre à une critique sévère, impartiale, et l'on reconnaîtra presque toujours qu'ils sont dus à l'oubli ou bien à la négligence, souvent involontaire, des observateurs.

Que chaque médecin, chaque mari, chaque dame, désireux de tirer parti des connaissances nouvellement acquises, se pénètrent bien de leur étude et les mettent plus tard à profit, tous dans l'intérêt de la science ou pour en bénéficier suivant leurs désirs.

Avec leur concours dévoué et éclairé, la loi d'alternance acquerra bien vite l'autorité et la notoriété les plus grandes.

CONSÉQUENCES

DE

LA LOI DE L'ALTERNANCE

DES SEXES

Le lecteur qui aura bien voulu accorder toute son attention aux pages précédentes peut lui-même, pour ainsi dire, tirer de la connaissance de cette loi les corollaires suivants :

1° Il dépend du mari et de la femme de procréer un être du sexe masculin ou féminin ;

2° Jusqu'à présent, ce but paraît ne pouvoir être atteint qu'après la naissance d'un premier enfant ;

3° A dater de l'accouchement, il faut noter minutieusement l'apparition des premières règles normales ;

4° Ce petit registre établi, il devient facile, en se livrant à l'acte de la génération au moment le plus propice, de procréer un être du sexe désiré.

Je vais examiner succinctement et successivement ces quatre propositions :

I. — La première est d'une évidence telle que nous insisterons peu.

En effet, le sexe des germes alternant à chaque apparition des règles, il en résulte que le mari n'aura qu'à s'abstenir aux époques désignées par la comptabilité des fonctions utéro-ovariques de sa compagne.

II. — A propos de la seconde, je vais entrer dans quelques développements nécessaires.

Une jeune mariée, au moment où elle arrive à la couche nuptiale, a été réglée au moins plusieurs fois ; mais la base, le point de départ, manquent pour établir le cahier de l'alternance.

Il sera donc indispensable aux jeunes

époux d'attendre la venue d'un premier enfant. A partir de ce jour ils pourront en toute sécurité, pour la réalisation de leurs désirs, se livrer plus tard, à certaines époques, aux plaisirs de l'amour.

J'ajouterai en passant que j'espère, plus loin, arriver à la démonstration d'une loi biologique très intéressante et reposant aussi sur l'alternance qui, dans ce cas, se continuerait de la mère au premier ovule pondu.

J'appelle, d'ores et déjà, les sympathies des curieux sur cette partie, qui renferme des vues entièrement neuves et originales.

III. — Je passe à la troisième proposition, et, tout d'abord, je ferai remarquer qu'on ne doit pas appeler règles normales les pertes sanguines, suites de l'accouchement, qui disparaissent et reparaissent, quelquefois à d'assez longs intervalles, sous l'influence de causes diverses et sont les

conséquences d'une irritation utérine, de la
délicatesse des cicatrices vasculaires. Pour
se faire une idée exacte des raisons d'être
de cet écoulement sanguin tardif, en dehors des difficultés et des accidents de la
parturition, il faut tenir grand compte des
imprudences de la femme (se lève trop tôt,
fait des travaux fatigants), mais surtout
des rapprochements sexuels hâtifs.

Normalement, le retour des règles chez
une femme récemment accouchée, ayant
passé la durée de l'état puerpéral dans de
bonnes conditions, a lieu, en moyenne,
vers la sixième ou septième semaine.
L'état puerpéral finit de même avec l'apparition nouvelle des menstrues.

Je le répète, dans tout ce qui précède et
suivra, je n'ai en vue que la règle, et non
l'exception.

Dans la première partie de ce livre,
j'ai indiqué comment il est possible de
faire rentrer les exceptions dans les lois
communes.

Donc, lorsque les diverses phases consécutives à l'accouchement s'accomplissent avec régularité, il s'écoule un laps de temps assez considérable entre le moment où la nouvelle mère a pu quitter le lit de douleurs jusqu'au jour où elle accomplira derechef les vœux de la nature, *en pondant de nouveaux* ovules ou germes. — L'état menstruel, ordinairement précédé d'une période de calme, s'annonce par des symptômes particuliers moraux et physiques, bien différents de ceux qui surgissent avec des pertes provoquées par des maladies utérines.

IV. — Un mot sur la quatrième proposition.

Le registre des époques une fois commencé et établi, il sera facile aux deux époux de choisir le moment favorable à la conception, selon leurs désirs.

———

LE SEXE DE L'ENFANT

SI LA FEMME ÉTAIT FÉCONDÉE A LA PREMIÈRE APPARITION DE SES RÈGLES?

On a vu que la loi de l'alternance, exposée dans les pages précédentes avec tous les développements nécessaires, était seulement applicable après la naissance d'un premier enfant. Il y avait cependant un intérêt majeur à rechercher s'il était possible, avec les connaissances acquises, de reculer les limites provisoires de cette partie de la gynécologie. Je crois avoir atteint ce but. Dans tous les cas, je vais exposer rapidement la suite des raisonnements et, pour mieux dire, des considérations, des recherches qui m'ont fait trouver la solution de ce problème.

Certes, il est moins important de connaître le sexe du premier germe pondu par la femme que de posséder, le premier enfant venu au monde, les moyens d'en procréer plus tard un autre du sexe désiré. Bien rarement les époux veulent un seul enfant, et il leur est à peu près égal, ordinairement, d'avoir tout d'abord un garçon ou une fille.

Par la loi de l'alternance, ils ont, à l'avenir, les moyens de forcer bientôt, pour ainsi dire, la nature à réaliser leurs vœux.

Il n'en est pas moins vrai que, dans des cas heureusement rares, quelques maris et femmes voudraient que leur premier enfant fût plutôt mâle que femelle, et *vice versâ*.

J'examinerai plus loin, avec quelques détails, ces exceptions ayant particulièrement trait aux femmes qui ne peuvent avoir plus d'un enfant, ou qui sont d'une constitution très délicate.

Pour corroborer les assertions suivantes, je n'ai, jusqu'à présent, que le récit d'un seul fait à offrir au lecteur; mais je suis persuadé, lorsque ma proposition sera connue, que des faits nouveaux viendront en grand nombre la confirmer. Voici comment, en procédant par induction, je suis arrivé à donner ample satisfaction à ma légitime curiosité.

Si, me suis-je dit, depuis le jour où les premières règles se montrent, on avait noté la date de chaque époque menstruelle, il est facile de comprendre que l'on pourrait savoir, en remontant la source, le sexe du premier germe; car la loi de l'alternance s'étend aussi bien, cela est évident, aux ovules antérieurs à la naissance d'un enfant qu'à ceux qui la suivent.

Ces renseignements si utiles font malheureusement toujours défaut. Il est bien peu de mères, en effet, qui aient assez souci de la santé de leurs filles, pour s'imposer ce léger surcroît d'attention.

Elles sont loin d'ignorer cependant combien la santé et plus tard la facilité de l'enfantement sont sous la dépendance immédiate de la régularité des fonctions ovariennes, régularité qui peut, dans beaucoup de cas, être rétablie par un traitement hygiénique convenable.

Bon nombre de médecins très connus prescrivent aux mères, avec beaucoup de raison, de peser, à époques fixes, leurs jeunes enfants pour savoir s'ils se portent bien. (On sait qu'un enfant qui, malgré sa croissance normale, augmente petit à petit de poids, jouit généralement d'une bonne santé.) Pourquoi donc les mères, jusqu'au mariage de leurs filles, ne réuniraient-elles pas tous les documents concernant les phases de leur développement ? Quoi de plus favorable à la jeune fille vouée à la maternité ? quoi de plus utile pour le mari que de connaître les antécédents d'organes qu'il va solliciter à une vie nouvelle, à une suractivité souvent nuisible ?

Me sera-t-il permis d'espérer n'avoir pas en vain fait appel à la tendre sollicitude des mères pour leurs jeunes filles ? Je continue.

N'ayant jamais eu occasion de consulter un registre menstruel régulièrement établi depuis le début de la nubilité, j'eus la patience de feuilleter un grand nombre de livres, d'annales et de journaux de médecine légale.

Dans tout ce fatras, j'espérais trouver quelques observations de choix, destinées à jeter un vif éclat sur l'objet de mes investigations.

Je m'étais dit : « Parmi les nombreux cas de viol relatés dans ces ouvrages, n'y aurait-il pas, par hasard, des observations ainsi présentées : « Une jeune fille... âgée « de quinze ou seize ans, réglée pour la « première fois il y a quatre mois, fut « violée par X... Elle devint enceinte et « accoucha ou avorta d'un enfant de tel « ou tel sexe, etc., etc... » ?

Mais rien, rien, pas le moindre petit fœtus avec sexe désigné !

S'il est question de conception à la suite de viol, de grossesse consécutive ou d'avortement après quatre mois, aucun indice sur le sexe de l'embryon.

Il m'aurait été facile, on le comprend, lorsque la menstruation date de si près, de remonter au début pour savoir positivement le sexe du premier germe pondu.

Force me fut donc d'abandonner cette voie. Après mûres réflexions, et me rappelant le cas de la dame déjà âgée dont je parle plus loin, j'en arrivai à émettre l'hypothèse suivante :

La loi de l'alternance s'étend de la mère à la fille, et de la fille devenue mère à son premier enfant, et après lui aux germes successivement pondus.

Le sexe du premier germe pondu est mâle.

Cette proposition découle de l'hypothèse précédente.

Donc, une jeune fille fécondée à ses premières règles donnerait le jour à un enfant mâle.

Voici, en quelques mots, le seul fait à l'appui que j'aie pu recueillir.

Une dame d'un certain âge, fort intelligente, avec laquelle je causais de la découverte de la loi de l'alternance, fut frappée de l'hypothèse que j'émis devant elle, sur le sexe du premier germe conformément à cette loi. Après un moment de réflexion, consacré à recueillir ses souvenirs, elle me tint le langage suivant :

« On me maria fort jeune (quinze ans environ). Comme j'avais une très petite dot et qu'il s'agissait d'une fort belle position avec un jeune homme riche, plein d'avenir, qui m'aimait éperdument, on ne tint pas compte de l'absence de la menstruation. Je passais au contraire pour être très précoce en raison de ma taille, de la richesse de mes formes et du développement de ma gorge. Je paraissais certainement avoir plutôt vingt ans au lieu de quinze.

« Sous l'influence des premiers rapports conjugaux, la menstruation s'établit bientôt. Quelques jours après la cessation des règles, je devins enceinte. A neuf mois de là, jour pour jour, je mis au monde un enfant mâle. »

Je le répète, je tiens le fait d'une dame qui, dans plusieurs circonstances, m'a donné des preuves remarquables de la vive impression que produit sur son esprit ce qu'elle a observé ou entendu raconter.

Maintenant que la proposition est émise sous forme d'hypothèse (et cela par une humilité bien naturelle), il appartient aux mères et aux médecins de lui donner la sanction de leur expérience et de leur observation.

Conséquences. — 1° Une femme mal réglée ou d'un âge relativement avancé, dont les facultés procréatrices sont très limitées, pourra cependant avoir l'enfant du sexe qu'elle désire. Tous les jours on entend dire : « J'aurais pourtant bien voulu une fille ; c'est un garçon, tant pis. » Et *vice versâ*.

L'enfant, soyez-en certain, se ressentira souvent de ce dépit mal déguisé.

2° Un fœtus mâle, tout le monde le sait, est ordinairement beaucoup plus volumineux qu'un fœtus femelle. Ainsi, en moyenne, un fœtus mâle pèse de 6 à 7 livres, un fœtus femelle près de 1 livre de moins. C'est surtout la tête qui prédomine dans le fœtus mâle. Or, c'est cette partie du corps qui se présente la première dans la pluralité des accouchements. Il est alors facile de comprendre combien il sera moins douloureux pour une femme d'accoucher d'un premier enfant dont la partie qui doit franchir le défilé utéro-vaginal et vulvaire sera moins volumineuse.

Dans des cas relativement et heureusement rares, certaines femmes mal conformées, d'un rachitisme plus ou moins prononcé, ayant un bassin peu développé, avec un ensemble de tissus peu souples, peu dilatables, voire même rigides, résistants, verront leurs suites de couches diminuer de gravité si le fœtus est moins gros. Elles auront tout intérêt à donner le jour d'abord à une fille.

On voit, en effet, des rachitiques affectées d'un rétrécissement du détroit supérieur ou inférieur succomber souvent par suite, soit des difficultés de l'accouchement, soit de ses conséquences, lorsqu'on tarde trop à venir à leur aide, en sacrifiant l'enfant.

D'autres, et je parle des primipares, ayant dans leur sein un fœtus trop volumineux, arrivent à grand'peine à pouvoir l'expulser de sa prison. Souvent a lieu une rupture du périnée (espace compris entre l'anus et la vulve) et des lésions de la vessie par compression prolongée. Les suites de la parturition deviennent fréquemment fatales, ou bien, si l'issue n'est pas funeste, elles laissent ultérieurement dans la santé de la jeune femme des traces profondes de débilité.

———————

A LA LOI DE L'ALTERNANCE

GROSSESSES GÉMELLAIRES

Avant de traiter ce sujet, on est en droit de poser les questions suivantes : Y a-t-il des grossesses doubles dans lesquelles il naît un garçon et une fille? Je réponds : Oui.

Comment alors expliquez-vous ces faits et pouvez-vous les mettre d'accord avec la loi de l'alternance? — Rien de plus facile. Attendez un peu, prenez patience, et veuillez m'accorder votre plus bienveillante attention.

Voici un résumé statistique dressé par Curchill.

Sur 161,042 grossesses, il y a eu 2,477 cas

de grossesses doubles (accoucheurs anglais). Sur 36,570 grossesses, il y a eu 582 cas de grossesses doubles (accoucheurs français). Sur 251,386 grossesses, il y a eu 2,967 grossesses doubles (accoucheurs allemands. En somme, sur 448,998 cas, il y a eu 5,776 grossesses doubles.

Quant aux sexes des jumeaux, le même auteur nous fournit les renseignements qui suivent. Sur 184 cas de grossesses doubles, Joseph Clarke dit que 47 fois les deux enfants étaient mâles, 68 fois femelles, et que 69 fois naquirent un enfant et une fille.

Docteur Collins, 240 cas : les deux mâles, 83 ; les deux femelles, 70; mâle et femelle, 87.

Docteur Lever, 33 cas : les deux mâles, 11; les deux femelles, 11; mâle et femelle, 11.

Ce qui frappe *à priori* dans ce tableau, c'est le petit nombre de grossesses doubles : 5,576 sur 448,998 cas.

Donc, la plupart du temps, un seul ovule ou germe est fécondé.

Telle a été ma manière de voir dans les notions générales de physiologie ovarienne et les pages que j'ai consacrées à la fécondation.

Secondement, dans les grossesses doubles, on voit presque toujours les deux enfants être de même sexe.

Ici encore la loi de l'alternance est parfaitement juste et applicable. Deux ovules de la même ponte sont fécondés, les deux enfants sont du même sexe. Fréquemment les deux vivent très longtemps, arrivent à un âge avancé; exemple, les frères Siamois. Il n'est personne qui, dans le cours de son existence, n'ait eu l'occasion de rencontrer deux frères jumeaux. Même tête, même regard, même expression faciale, pareilles allure, taille et démarche. On a même cité des mères qui ne pouvaient les distinguer l'un de l'autre et les désigner séparément par leur prénom, lorsqu'elles ne les voyaient pas ensemble.

« Tout cela est bel et bon, me dira un lecteur malin, mais vous avez exposé un tableau dans lequel on lit que, dans certaines grossesses doubles, il est venu un mâle et une femelle ; votre loi de l'alternance n'est donc pas absolue ? »

Il s'agit de s'entendre.

Les grossesses doubles sont peu fréquentes ; mais les grossesses doubles, avec mâle et femelle en même temps, sont les plus rares. D'où je suis forcément autorisé à conclure que le nombre des femmes jouissant de ce privilège, peu enviable et peu envié, est excessivement restreint.

Autre chose. Toute femme qui vient d'être fécondée perd-elle absolument par ce fait (momentanément, il est vrai) l'aptitude à la fécondation ?

Oui, selon la règle ; non, par exception.

Tous les accoucheurs, tous les gynécologues, ont observé des femmes qui avaient encore normalement leurs règles dans les

mois consécutifs à la conception. Ces pertes, peu abondantes, paraissaient à l'époque habituelle, et témoignaient de la continuation de fonctionnement d'un ovaire.
Quoi d'étonnant alors que, la matrice
ayant aspiré le mois suivant, à vingt jours
d'intervalle, si l'on veut, une nouvelle
quantité de semence, l'ovule de cet ovaire
soit fécondé et produise un enfant de l'autre sexe, suivant la loi de l'alternance? Et
cette contradiction apparente, qui s'efface
devant un examen sérieux, vient corroborer encore les propositions précédemment
émises. Très souvent les deux enfants suc-
combent ou l'un d'eux meurt quelque
temps après. Si l'accouchement a lieu en
retard pour le premier produit de la fécondation, qui sort généralement le dernier,
ou bien s'il a lieu à terme pour le premier,
le deuxième produit de la conception est
incomplètement formé, ce qui est pour lui
une cause de mort.

Je le répète, les cas de grossesses doubles, avec mâle et femelle, sont d'une telle rareté qu'il ne faut pas en tenir grand compte, si ce n'est pour confirmer une fois de plus la loi de l'alternance.

—————

DOCTRINES, THÉORIES
FICTIONS

ÉMISES DEPUIS HIPPOCRATE

JUSQU'A LA LOI DE L'ALTERNANCE

POUR AVOIR A VOLONTÉ

UN ENFANT DU SEXE DÉSIRÉ

———

Peu de questions ont donné lieu à plus de travaux, de recherches, d'hypothèses, de combinaisons ingénieuses. Mais la science tend de jour en jour à devenir de plus en plus positive ; aussi voit-on, à chaque instant, des faits nouveaux venir battre en brèche les théories, les opinions les mieux établies.

Plus tard (quand ? je l'ignore), la physiologie et la médecine arriveront à se simplifier. On finira par jeter les bases immuables des sciences biologiques sur des faits bien observés, des expériences bien conduites. De nos jours, on voit très souvent M. X... être en contradiction sur les conclusions d'une même expérience avec M. Z... Du choc des idées jaillissent les lumières.

Arrive un troisième expérimentateur qui, profitant des études des deux autres, dégage en partie l'inconnue, pose des conclusions qui seront, à leur tour, vraies pour un certain temps, et dont l'examen provoquera plus tard de nouvelles découvertes.

Dans les sciences principalement, il y a deux classes bien distinctes de savants, les inventeurs et les érudits. Un homme érudit connaît ou est censé connaître tout ce qui a été publié ou se publie sur tel ou tel sujet. L'inventeur, au contraire, toujours moins pédant, souvent moins prétentieux, peut-être moins instruit, si l'on veut, dé-

couvre tout à coup la vérité. Chauvinisme
à part, la France est le pays qui compte le
plus d'inventeurs et le moins d'érudits.
En Allemagne, au contraire, le génie est
très rare. Les Allemands n'ont rien ou presque rien inventé eux-mêmes (sauf Krupp
peut-être), mais tout pris aux autres ou à peu
près, nous ne le savons que trop, hélas! Avec
les apparences de la plus parfaite honnêteté, ils n'hésitent jamais à s'approprier ce
qui appartient à autrui. Ils excellent à s'as-
similer les idées, les découvertes nouvelles,
les parent d'un jargon plus ou moins mys-
tique et fleuri, puis les lancent dans le
monde savant comme choses qui viennent
d'eux. Leur polyglottisme plus répandu
leur est d'un grand secours. Cette diffi-
culté dans l'invention tient à leur nature.
Ils sont éminemment patients; l'érudition
demande de la patience; mais ils sont
encore plus orgueilleux, et, ne pouvant
rien créer par eux-mêmes, ils empruntent
l'idée mère, la transforment, étendent les

applications d'une découverte et finalement pondent un ouvrage sur le sujet en question. C'est ainsi que Virchow, pour ne citer qu'une de leurs plus célèbres individualités, a trouvé les germes et les matières premières de sa *Pathologie cellulaire* dans les travaux du savant physiologiste de Strasbourg. Que le lecteur excuse cette longue digression. J'avais à cœur depuis longtemps de mettre un frein, selon mes faibles forces, à l'insolente jactance de ces bons Allemands.

Dans le sujet qui m'occupe, et avant les dernières découvertes, le plagiat, l'amplification, l'exposé des traditions ridicules, ont été de règle. Chacun a copié son devancier ; seulement les assertions ont revêtu une forme plus scientifique, en harmonie avec les découvertes chimiques et physiologiques de chaque époque.

Je diviserai cette étude en deux périodes ou parties :

1° Depuis les temps les plus reculés jusqu'à la découverte du rôle des ovaires, des ovules, par Harvey et de Graaf.

Harvey a, dit-on, importé cette découverte d'Italie en Angleterre. Il la devrait à un médecin italien.

2° Depuis la découverte des ovaires, ovules, et de leur rôle dans la génération jusqu'à nos jours.

Lorsque les animalcules spermatiques furent découverts, que Harvey eut lancé son fameux axiome : *Omne vivum ex ovo,* on crut voir dans les spermatozoïdes les molécules dont Hippocrate avait fait mention. Buffon s'empressa même de relever ces ingénieux aperçus et de les approfondir. Il affirma de plus avoir trouvé dans l'ovaire de la femme des animalcules spermatiques, etc.

Ainsi, jusqu'à la loi de l'alternance, rien de positivement sérieux, comme on le verra par la suite, n'a été avancé.

Beaucoup d'auteurs, de soi-disant expérimentateurs, ont étayé les conclusions

auxquelles ils ont voulu arriver d'observations faites sur des abeilles, ou des animaux quelconques, poules, chiens et autres. Il m'importe peu, pour l'heure, de
savoir ce qui se passe dans la série des
êtres ; je n'ai en vue que l'espèce humaine
dans sa plus haute expression, la femme.
Les preuves tirées de l'examen de la reproduction d'êtres aussi différents d'elle, au
point de vue anatomique et physiologique,
que les abeilles , ces prétendues preuves,
dis-je, me touchent fort peu.

Hufeland a fait la remarque très judi-
cieuse que les œufs de poisson fécondés
avec la même semence donnent indistinc-
tement naissance à des mâles ou à des
femelles, ce qui prouve que le sexe réside
non dans le sperme, mais dans l'œuf.

Cela est *absolument* vrai d'après la loi
de l'alternance et les faits qui l'ont confirmée. A la femme seule est échu le rôle de
former les sexes.

Hippocrate. — Jusqu'au vieillard de Cos, rien de curieux n'a été exposé sur la génération.

En 1559, Guillaume Chrestian, médecin de la belle Diane de Poitiers, publia sous le titre : *Hippocrate, De la progéniture*, la traduction suivante :

« La femme, et pareillement l'homme, produit une semence quelquefois puissante, quelquefois débile. Et tout ainsi que l'homme ha la semence masculine et féminine, aussi l'ha pareillement la femme. Mais la masculine est plus puissante que la féminine. Et pourtant il est nécessaire que de la plus puissante semence soit formé et engendré le mâle. Mais il ne faut pas moins ajouter de foy aux choses que je veux maintenant dire. Si encore le père et la mère donnent une très puissante semence, il s'engendre un mâle; mais, s'ils la donnent débile, il s'engendre une femelle. Si toutefois l'une est en plus grande quantité que l'autre, l'enfant lui sera semblable.

Car, s'il y a beaucoup plus grande quantité
de la semence débile que de la puissante,
et que encore celle qui est la plus puissante soit surmontée en se mêlant avec la
débile, elle est contrainte d'être réduite
à femelle.

« Mais s'il y a davantage plus de semence puissante que de la débile, et que
la débile soit surmontée, elle se convertit
à mâle. Comme (pour exemple) si quelqu'un mêlant du suif et de la cire ensemble les faisoit fondre au feu, cependant
qu'ils seront confus et liquides, il n'est pas
aisé de cognoistre ne discerner lequel des
deux est en plus grande quantité; mais,
après qu'ils sont refroidis et coagulés,
chacun peult cognoistre qu'il y a beaucoup plus de suif que de cire. Ainsi fault
juger de la semence du mâle et de la
femelle. Or, par les choses que l'on veoit
évidemment advenir, l'on peut facilement
entendre que, tant en l'homme qu'en la
femme, il y a géniture tant pour engen-

drer mâle que femelle. Car y a plusieurs femmes ne hont receu ne enfanté de leurs marys que des filles seulement, lesquelles toutefois, étant depuis conjoinctes avec autres hommes, ont enfanté des fils.

« Et aussi les marys mesmes desquels les femmes n'enfantoient que des filles, eux étant conjoincts avec d'autres femmes, ont engendré des masles. Et ceux qui ne faisoient que des masles seulement ont engendré des filles avec d'autres femmes. Laquelle raison, certes, conclud pleinement que, tant en la femme comme en l'homme, est contenue semence masculine et féminine. Car, en celles qui engendroient des mâles, la semence qui estoit plus débile estoit surmontée et se faisoit un mâle. Toutefois il ne se produit pas toujours d'un même homme une semence puissante, ne toujours aussi débile, mais diverse. Car quelquefois il la produict d'une sorte, et quelquefois d'une autre : *et pareillement la femme*. D'où s'en suit que nul ne se doibt

émerveiller de ce que mesmes hommes
avec mesmes femmes engendrent tantôt un
enfant mâle, tantôt une femelle. Et pareillement aussi ès bêtes brutes y a une même
raison, tant d'engendrer mâle et femelle
que de la semence même. Or, en l'homme
et en la femme, elle procède de tout le
corps, c'est à savoir qu'elle est débile de
ceux qui sont débiles et puissante de ceux
qui sont puissants.

« Donc est nécessaire aussi que la pro-
géniée en naisse telle et semblable. Et certainement, si du corps de l'homme il procède plus de semence pour la génération que
de la femme, cet enfant-là seroit beaucoup
plus semblable au père : mais, s'il en provient
davantage du corps de la femme, il sera
plus semblable à la mère. Mais il est impossible que l'enfant soit du tout semblable à la mère, et qu'il n'ait rien semblable au père ; ou au contraire de cela ou
bien qu'il ne soit en rien semblable ne à
l'un ne à l'autre. Mais véritablement il est

nécessaire qu'il soit en quelque chose semblable à tous deux, au moins si la semence procède du corps de l'un et de l'autre pour la génération de l'enfant. Mais celuy des deux qui aura plus produit de semence pour la ressemblance, ou plus de parties du corps, à celui-là l'enfant ressemblera en plus de choses. Et advient quelquefois qu'une fille produite soit en plusieurs choses beaucoup plus semblable à son père qu'à sa mère, et qu'un fils né ait beaucoup plus grande ressemblance à sa mère qu'à son père. Et ces choses sont les arguments de ma première sentence et opinion qui est qu'en l'homme et en la femme y a puissance d'engendrer tant mâle que femelle.

« Outre plus, il advient quelquefois que de père et mère gros et robustes naissent enfants grêles et débiles. Mais, si telle chose se fait après avoir, au précédent, fait et reçu plusieurs enfants, il est certain que l'enfant ha esté malade au ventre

même de la mère, et que ce mal lui soit
venu ou par le vice de la mère, ou parce
que le nourrissement dont il se devoit ac-
croître soit écoulé au dehors, la matrice
étant lors par trop ouverte, et, pour cette
cause, l'enfant soit devenu débile. Car
tous animaux deviennent malades selon
leurs vertus..... »

Avicenne. — Le célèbre Avicenne, prenant pour point d'appui la doctrine d'Hippocrate, assigna les caractères suivants à la
procréation des mâles et des femelles :

« L'homme prédestiné à procréer des
mâles est d'une grande force physique;
il joint à la souplesse la fermeté des
chairs; il a le sperme épais, abondant, les
testicules gros, les veines apparentes, un
appétit vénérien; il ne ressent point de fatigue du coït, il est sujet à des pollutions
spontanées, et sa semence s'écoule du testicule droit, le premier développé à son
adolescence. »

S'il fallait que le père réunît tant de brillantes conditions pour engendrer un mâle, la société risquerait fort de devenir une nouvelle colonie rocheloise, laquelle finit par ne plus posséder que des filles et diminuer petit à petit d'importance.

On remarquera, en passant, l'idée drolatique d'assigner au testicule droit le grand rôle de la génération des mâles. Tout le monde sait qu'un homme ayant un seul testicule procrée aussi bien des enfants mâles que des femelles.

« Pour être apte à procréer des mâles, dit encore Avicenne, la femme doit avoir la semence épaisse ; elle doit être jeune, de coloration et de formes régulières, n'accuser ni mollesse, ni pesanteur du corps, avoir les yeux tournés légèrement vers le brun, les veines extérieures, les sens et les mouvements en parfaite harmonie, le naturel heureux, l'esprit gai, la digestion bonne, le ventre exempt de l'habitude de la constipation, exempt de celle du relâ-

chement ; le col de la matrice en opposi-
tion directe avec la vulve, les menstrues
précoces, mais ni fluides, ni crues, ni
aqueuses, ni brûlées, et la conception
prompte, par la force et l'ardeur du tempérament, le peu de développement de
graisse et le peu d'humidité de son
utérus. »

Hercule, dans l'antiquité, sur soixante-
douze enfants n'eut qu'une fille. Gédéon,
qui fut l'un des princes du peuple hébreu,
était d'un tempérament si chaud et si
actif qu'il engendra soixante et onze enfants mâles sans qu'il soit parlé d'aucune
fille.

Nicolas Venette. — Dans la première
édition de son très curieux livre, qui parut
ensuite pendant très longtemps sous des
titres différents, suivant les pays où il
était imprimé, Nicolas Venette montre
qu'il ne connaissait pas les découvertes
de Graaf. — Il en est encore aux prin-

cipes humide et sec, comme on le verra en lisant la longue citation tirée de son ouvrage.

C'est lui principalement qui a fait tous les frais des pseudo-inventions de nos publicistes modernes. La grande théorie, le grand moyen de M. Debay est emprunté à Nicolas Venette. Seulement, la mise en scène en paraît plus scientifique au premier abord ; je remets à plus tard la discussion.

Nicolas Venette dit : « Les principes de l'homme et de la femme sont fort différents, puisque l'un et l'autre ont des inclinations si opposées. Le principe de l'un est plus chaud, plus sec et plus resserré ; et le principe de l'autre plus froid, plus humide et plus mollet.

« L'expérience nous fait connaître cette vérité, car une femme grosse d'un garçon sera ordinairement plus vermeille et se portera beaucoup mieux que si elle l'était d'une fille ; la chaleur d'un garçon échauffe et

excite la mère, au lieu qu'une fille par sa
froideur augmente le froid et l'humide de
son tempérament; ce qui la rend valétudinaire et malade pendant toute sa grossesse. S'il se rencontre quelquefois des
femmes qui soient d'un tempérament plus
chaud que quelques hommes, on n'en
doit pas imputer la cause à la nature, mais
aux humeurs de la mère qui les a portées
dans ses flancs, au lait de la nourrice qui
les a allaitées, à l'exercice et aux aliments
chauds dont elles ont usé pendant leur
vie. . . . .

«..... L'imagination de la femme, quelque forte qu'elle soit, ne peut encore produire cet effet (de rendre le produit de la
conception mâle ou femelle selon le désir).
Car combien y a-t-il de femmes qui n'ont
que des filles et qui ne peuvent avoir des
garçons, bien que leur imagination soit
incessamment embarrassée et comme farcie
de l'idée de ces derniers ? L'imagination
ne change ni nos humeurs ni leur tempé-

rament ; la bile ne saurait par sa force devenir pituite, et la matrice qui a des dispositions pour une fille ne saurait par son moyen en avoir pour un garçon ; le tempérament de l'un et de l'autre étant trop éloigné, leur matière trop opposée et leurs parties trop différentes. . . . . . .

«.... Il est donc véritable que ce n'est ni la matière, ni le sang des règles, ni l'imagination de la femme, ni la ligature des parties génitales du mâle (puisque l'expérience nous a désabusés là-dessus, et nous a fait voir que les hommes qui avaient perdu à la guerre le testicule droit ne laissaient pas d'engendrer des enfants de divers sexes), ni enfin les astres, qui sont les causes prochaines de la génération des mâles et des femelles ; mais que c'est plutôt la disposition et le tempérament de la matière dont nous sommes formés. . . .

. . . .

« *Première règle.* — On ne voit guère

de trop jeunes ni de trop vieilles gens engendrer des garçons. Ils ne font ordinairement que des filles. La chaleur est trop faible dans les premiers pour cuire et perfectionner la semence. Les derniers sont trop languissants et la glace de leur âge s'oppose à l'abondance et à la chaleur des esprits qui doivent contribuer à former un garçon. Et parce que la semence n'est qu'un excrément de tout le corps et des testicules, il faut que toutes les parties soient fortes et vigoureuses pour engendrer de la matière à faire un garçon ; ce qui ne se rencontre ni dans les uns ni dans les autres.

« *Deuxième règle.* — La façon de vivre est une des principales causes de la formation du sang et des humeurs ; si l'on mange et que l'on boive des choses succulentes, chaudes et pleines d'esprits, les humeurs participent de ces mêmes qualités, et la semence a alors des dispositions pour un garçon à venir. Mais si les aliments sont froids, quelle apparence qu'elle puisse servir à engendrer de la matière pour former un garçon ?

« Elle n'aura tout au plus que des dispositions pour le corps d'une fille.

« Et l'expérience nous apprend que ceux qui se nourrissent d'aliments chauds et succulents et de chair d'animaux lascifs acquièrent par là, non seulement la force d'engendrer, mais aussi de faire un garçon, pourvu qu'il y ait tant soit peu de vivacité dans leur tempérament.

« *Troisième règle.* — Il n'est pas besoin de manger ni de boire beaucoup, et à contretemps, quand on a dessein de faire un garçon. La chaleur est plus vive et plus forte quand nous sommes réglés. L'excès cause des crudités, et l'on ne voit guère d'hommes ni de femmes déréglés à table qui engendrent des garçons. Leur semence n'a presque point de chaleur ni d'esprit, et, parce qu'elle est indigeste et imparfaite, elle n'est propre qu'à former une fille.

« *Quatrième règle.* — Si le manger et le boire éteignent notre chaleur naturelle quand nous les usons avec excès, l'action déréglée de l'amour nous épuise et nous rafraîchit de telle sorte qu'après nos embrassements réitérés nous n'engendrons que des filles. L'expérience nous le fait voir dans les jeunes gens qui, dans les premiers jours de leur mariage, se caressent si éperdument qu'ils n'engendrent point du tout, ou, s'ils engendrent, ce n'est ordinairement que des filles. Que l'on fasse réflexion sur tous les mariages que l'on fait aujourd'hui parmi les hommes, l'on y rencontrera sans doute beaucoup plus de filles aînées que l'on n'y rencontrera de garçons. Les jardiniers impatients ne recueillent jamais de bonnes graines. Ils dessaisonnent toujours la terre, et, quand ils veulent la semer, ou ils sont frustrés de leur attente, ou les plantes qui en viennent sont faibles et languissantes. Nous nous pressons trop pour l'ordinaire quand nous nous caressons, et, si nous savions nous modérer, notre ouvrage serait plus parfait et durerait plus longtemps. Si, lorsque nous caressons une femme, nous nous contentions d'une fois, il en naîtrait apparemment un garçon, au lieu que, si par hasard une femme conçoit de la seconde ou de la troisième fois qu'on l'embrasse l'une après l'autre, il n'en naîtra assurément qu'une fille ; ou, s'il reste encore quelques esprits vifs et pénétrants dans la matière qui doit servir pour un garçon, il sera fort petit et peut-être défiguré par le peu de matière et d'esprits que lui fournira son père.

« Nous voyons tous les jours de jeunes femmes qui n'ont fait que des filles avec un homme, et qui, étant mariées avec un autre, ne produisent que des garçons. La chaleur de notre jeunesse nous précipite dans les délices de l'amour : notre semence n'est pas plus tôt faite qu'elle est épanchée, et nos emportements amoureux durent souvent dans les deux sexes jusques à l'âge de vingt-cinq ou de trente ans. Mais, si un homme ne caressait sa femme que trois ou quatre fois le mois, la semence de l'un et de l'autre serait plus cuite, plus épaisse et plus remplie d'esprits. Elle aurait plus de disposition à former un garçon que si on l'épanchait plus souvent. Et c'est assurément pour cette raison que les vieillards font quelquefois des mâles, car, comme ils manquent presque de chaleur naturelle et que leur semence est crue et faible, s'ils n'attendaient deux ou trois mois pour donner le temps à la nature de la cuire et de la perfectionner, ils ne sauraient déterminer la semence de la femme à leur donner un successeur.

« *Cinquième règle.* — L'expérience m'a

fait encore remarquer que, si les femmes
qui ont des règles modérées conçoivent
après leur écoulement, elles font pour
l'ordinaire des garçons. Mais, si elles ont
des règles abondantes et qu'elles engendrent avant que ces règles paraissent ou
dès qu'elles finissent, elles font toujours
des filles. Si nous examinons la cause de
ces différentes productions que nous avons
souvent observées, nous trouverons qu'elles
prouvent clairement l'opinion que j'ai établie. Car les femmes qui ont abondam-
ment leurs règles étant d'un tempérament
plus humide que les autres, elles peuvent
produire en elles-mêmes de la semence
propre à faire un garçon, puisque la complexion de leurs corps et de leurs humeurs
est opposée à la génération d'un mâle.
Dans le temps que les règles coulent encore, la matrice en est humectée et rafraî-
chie tout ensemble, et, bien que cette partie pût réserver alors une semence pleine
de chaleur et gonflée d'esprits, son intem-

périe et celle de tout le corps serait pourtant une cause qui diminuerait cette même chaleur et qui dissiperait une partie de ces esprits. Au lieu qu'une femme qui a ses règles modérées est agitée d'autant de feu et de chaleur qu'il lui en faut pour un garçon : la semence qu'elle engendre est chaude, sèche, bien cuite, et, après que la matrice s'est une fois défaite de toutes ses impuretés et qu'elle a été échauffée par le passage du sang qui y a coulé avec médiocrité, elle devient encore mieux disposée qu'auparavant : si bien que la semence de l'homme y arrivant, elle la dissout et la raréfie alors plus promptement pour la faire devenir propre à donner des caractères de fécondité au projet du mâle qu'elle conserve.

« *Sixième règle.* — Enfin j'ai aussi observé que les régions du midi n'étaient pas aussi peuplées d'hommes que celles du septentrion ; qu'il y avait dans les pre-

mières six fois plus de femmes que d'hommes (idée de la colonie rocheloise), et que
dans les autres les hommes égalaient presque en nombre les femmes ou les surpas-
saient même.

« Il est aisé, ce me semble, d'en décou-
vrir la cause. La chaleur des pays méridio-
naux diminue insensiblement la chaleur
naturelle. Elle dissipe continuellement des
esprits, en tenant toujours ouverts les
pores du corps : si bien que l'on n'est ni
si vigoureux, ni si grand mangeur que
dans les pays tempérés ou froids. Les humeurs ne sont pas si bien digérées dans
ceux-là que dans ceux-ci, et la semence
dans les premiers est plus propre à engendrer des filles que des garçons. Je dirai
encore que, parce que les hommes y sont
incessamment pénétrés d'une chaleur étrangère et qu'ils ont accoutumé de jouir des
femmes avec excès, ils ont une semence
crue indigeste qui est toujours disposée à
faire des filles. J'ajouterai à ces raisons

que, les femmes étant dans une continuelle oisiveté, et leur beauté consistant à ne point marcher pour être trop grosses, quelle apparence y a-t-il que dans cet état elles puissent avoir une semence forte et bien digérée, et que leur intelligence puisse former dans leurs flancs le projet d'un garçon d'une matière si mal cuite? Au contraire, dans les pays tempérés et dans ceux qui sont médiocrement froids, on a beaucoup plus de chaleur naturelle. Le froid bouchant les pores des corps en empêche la dissipation, et la semence étant par cette raison plus chaude et plus remplie d'esprits, on engendre aussi plus de garçons que de filles...

« C'est encore pour cela même que l'on fait plutôt des mâles quand le vent souffle du côté du nord. En effet, les vents froids qui règnent dans nos climats le matin et le soir, pendant les saisons les plus chaudes, empêchent l'épuisement de notre chaleur naturelle et arrêtent nos esprits, qui se dissiperaient autrement. C'est dans ce temps-là que notre chaleur et nos esprits, se multipliant dans nos corps, vivifient et animent, pour ainsi dire, la semence qui doit servir de principe à un garçon : et, s'il est vrai que les bergers, ayant remarqué la vertu de ce vent sur leurs troupeaux, font tous leurs efforts pour les faire accoupler pendant qu'il souffle, dans l'espérance de profiter plus sur les béliers qu'ils ne feraient sur les brebis, on peut bien dire qu'il n'a pas moins de pouvoir sur la génération des hommes.

« Pour moi, j'ai observé que le vent du septentrion a une telle propriété pour conserver la vie des animaux et pour fortifier leur chaleur que, si par exemple on tire hors de l'eau des carpes ou des anguilles, et puis qu'on les mette dans de la paille, le ventre en haut, on empêchera par ce moyen les premières de mourir pendant trois jours et les autres pendant six ; ce que l'on ne saurait seulement faire pendant un jour entier lorsque le vent du midi souffle médiocrement. En effet, il affaiblit les animaux en dissipant leur chaleur naturelle et en faisant évaporer leurs esprits. Si bien que la coction se fait alors fort mal, le sang et les humeurs se distribuent très lentement, et la semence ne peut avoir des esprits que pour animer le corps d'une femelle. On doit donc conclure, après toutes ces raisons, qu'il y a un art pour faire des garçons ou des filles, et que, si l'homme et la femme se marient, lorsqu'ils ne croissent plus, s'ils observent exactement la façon de vivre que je viens de prescrire, s'ils ne se caressent que rarement et qu'ils donnent le temps l'un à l'autre de cuire leur semence et à l'âme de la perfectionner, et s'ils attendent qu'un vent souffle du septentrion au plein de la lune, je suis très persuadé, par l'expérience que j'en ai, qu'ils feront un garçon plutôt qu'une fille. »

Après avoir lu ces fantastiques élucu-
brations du cerveau de Nicolas Venette,
on doit se demander lequel il faut le plus
admirer, de l'auteur qui a pu inventer pareilles fantasmagories et surtout les livrer
à la publicité, ou bien du lecteur naïf qui
a pu donner quelque créance à de pareilles
inepties.

Cela dit, il faut tenir pour rigoureusement vrai que tout ce qui a été émis, jusqu'à nos jours, sur le sujet en question
n'est, comme j'en ai fait mention précédemment, que la répétition plus ou moins
audacieuse et fidèle des rêveries érotiques
de Nicolas Venette. En agissant ainsi, on
fait à peu de frais un nouveau livre avec un
ancien, et, la publicité venant en aide à
la curiosité malsaine, on arrive à la cin-
quantième édition, comme le philosophe
D... avec son livre plus immoral que sérieux sur *l'Hygiène et la Physiologie du
mariage*.

Quel résultat utile peut tirer le lecteur

de l'absorption fatigante de ces pages pleines de récits lascifs? Rien, absolument rien. Quelques rares perles par-ci par-là, et encore faut-il chercher avec l'attention la plus scrupuleuse.

Ce qui m'irrite le plus, c'est de voir les bourdes insignes de Venette, consorts et compilateurs, affecter une forme scientifique et sentencieuse qui en impose aux badauds.

Ainsi, dans la dernière phrase de la trop longue citation précédente, Nicolas Venette ose parler de son expérience à l'égard de l'influence des vents sur la formation du sexe des fœtus.

Dionis, 1698. — « Ceux qui admettent pour la procréation le mélange de la semence du mâle et de la femelle infèrent qu'afin qu'il se fasse tantôt des mâles et tantôt des femelles, il faut que la semence que l'on répand domine alternativement sur celle que verse l'autre, et qu'elle ait plus de vigueur, soit par sa quantité, soit par sa qualité. »

Dionis ne veut pas prendre la responsabilité de ce qu'il avance, et prête ses propres idées à « ceux qui..., etc., etc. »

Pour moi, je défie l'homme et la femme les mieux doués d'obtenir un garçon ou une fille par le procédé Dionis.

Michel Procope Couteau, 1748. — « Ces variétés constantes..... ont augmenté le soupçon dans lequel j'étais, qu'un des testicules ne servait à faire que des mâles, l'autre que des femelles, et qu'il en était ainsi des ovaires.

« Dans cette hypothèse, il est évident qu'il serait fort aisé d'avoir à son gré des garçons ou des filles. Il n'y aurait qu'à se faire enlever le testicule ou l'ovaire destiné pour le sexe qu'on ne voudrait pas. » Grand merci ! en fait de radicalisme, Michel Procope Couteau aurait rendu des points au plus célèbre de nos communards.

« Je conviens, ajoute-t-il, qu'il pourrait se trouver quelques personnes qui auraient quelque peine à faire personnellement usage de cet expédient; mais il n'y en a point qui ne s'en servît volontiers à l'égard des chiens, des chevaux et des autres animaux; et c'est déjà un grand avantage. Cette opération ne serait que la moitié de celle qu'on fait tous les jours à la plupart d'entre eux.

« Au surplus, on pourrait, en faveur de ceux qui ne voudraient pas s'y exposer, trouver d'autres moyens moins sûrs à la vérité, mais aussi plus doux. J'en ai un dans l'idée qui dépendrait uniquement de l'adresse des femmes.

« Pour le bien concevoir, il faut observer qu'un homme ne peut pas, à son choix, faire couler la semence des vésicules séminales qui sont à la droite, plutôt que de celles qui sont à la gauche. La femme, au contraire, peut la diriger vers celui de ses ovaires qu'il lui plaît. Elle n'a qu'à se pencher toujours de son côté lorsqu'elle travaille à devenir mère. La liqueur séminale sera, par sa propre pesanteur, déterminée à s'insinuer dans la trompe qui aboutit à l'ovaire qu'elle a en vue. Tant qu'il ne sera pas arrosé par la semence des vésicules séminales auxquelles il correspond, la femme restera stérile. Elle ne deviendra féconde que lorsque cet ovaire sera arrosé par la semence des vésicules séminales qui lui sont analogues. Il est vrai qu'on me demandera maintenant : « Et de « quel côté une femme doit-elle se pencher « pour avoir des filles ? Quel est l'ovaire, « quel est le testicule destiné pour les pro- « duire ? » C'est ce que je ne sais pas encore trop bien moi-même.

« L'histoire nous apprend que Charles II, roi d'Angleterre, abandonna les daines et les biches d'un de ses parents à la curiosité de Harvey, qui en rendit veufs tous les daims et les cerfs, à force de chercher dans les entrailles de leurs femelles à pénétrer le mystère de la génération : il serait à souhaiter qu'il se trouvât un sultan assez généreux pour céder à un habile anatomiste les beautés de quelqu'un de ses sérails sur lesquelles on essayât diverses attitudes, jusqu'à ce qu'on en découvrît une propre à faire des filles. L'opposée serait sans doute celle dont il faudrait se servir pour avoir des garçons. Comme les Musulmans n'ont pas pour les sciences autant de goût que les peuples de la Grande-Bretagne, je doute qu'il règne jamais de prince mahométan capable d'imiter le monarque anglais ; mais, en revanche, une chose dont je ne doute point, c'est que si, par hasard, quelqu'un en formait le dessein, il ne manquerait sûrement pas d'anatomistes pour remplir l'emploi d'Harvey. C'est une place que je voudrais au galant auteur de la *Vénus physique*...

« J'ai tenté moi-même quelques-unes de ces expériences avec ma seconde femme : car j'en ai eu deux, et avec la première je ne songeais tout au plus qu'à avoir des enfants, quels qu'ils fussent ; mais toutes les fois que je travaillais à remplir les vœux de la dernière, qui désirait des garçons, j'avais soin de la faire pencher du côté gauche, et soit par hasard ou par adresse je n'en ai eu que trois enfants, qui tous trois sont du sexe qu'elle souhaitait.

« Cependant je ne compte que de bonne sorte sur ces expériences.

« La mort, l'inexorable mort, ne m'a pas permis de les multiplier assez pour attacher à leur succès un certain degré de probabilité.

« C'est dommage que la religion ne nous permette pas d'en faire sur plusieurs femmes dans le même temps : la découverte de la vérité en irait bien plus vite ; mais, pour l'accélérer d'une façon plus efficace encore, ne pourrait-on pas se servir d'un expédient qui me vient en pensée ?... Ce serait de couper un testicule et un ovaire aux criminels condamnés à mort ; de ma-

rier ensemble ces demi-eunuques, de leur
enjoindre ensuite de devenir pères et
mères..., etc., etc. »

Que dire de ces pages amusantes, où le
genre badin et grotesque règne seul en
souverain ?

On ne peut cependant refuser à l'auteur, écrivain spécialiste distingué du
temps, une certaine verve caustique, une
originalité gaie, qui ne sont pas les moin-
dres attraits du récit. Le radical Couteau
avait de l'imagination. Mais, avec cela
seul, on perd les meilleures causes.

Lamettrie, an VII. — « Aimables épou-
ses qui voulez avoir des mâles, mêlez donc
un peu de vin à vos nourritures. La nature
vous a donné un tempérament humide, la
chaleur du vin le ranimera et vous dispo-
sera à la formation des mâles ; n'en faites
pas cependant un usage immodéré ; des
entrailles noyées dans le vin perdent leur

chaleur naturelle, et ne peuvent donner naissance à des mâles vigoureux.

« Bacchus, abreuvé de trop de vin en caressant Vénus, mit au jour la goutte au teint pâle. Soyez aussi, époux, réservés sur les plaisirs de Vénus : des caresses trop fréquentes affaiblissent le germe et le rendent trop aqueux ; il n'est plus propre qu'à engendrer des filles. Lorsqu'un rare usage des libertés conjugales a donné assez de temps aux sucs pour se ramasser et remplir les vaisseaux de l'humeur prolifique, qu'alors les deux époux joyeux remarquent les astres favorables à la production du mâle et qu'ils profitent de leur aspect : tels sont le Bélier, les Gémeaux, le Lion, l'éclatante Balance, le Centaure Chiron et l'Urne rayonnante. Les élèves de la chaste Uranie ont aussi reconnu une vertu propre à produire des mâles dans les étoiles errantes, dans Saturne, Jupiter et Mars, et dans le riant Phœbus, le père de la lumière ; ainsi, lorsque Jupiter paraîtra ou

Phœbus avec sa lumière, livrez-vous aux travaux de Cypris.

« Les caresses du matin produisent aussi, pour l'ordinaire, ces mâles si désirés ; car l'humeur génitale, cuite et digérée par un long repos, donne un fondement solide à l'œuvre conjugale. *L'époux doit aussi se coucher sur le côté ;* car, dans cette situation, la liqueur prolifique se développant dans la partie droite de la matrice, on obtiendra ce qu'on désire.

« Ceux qui veulent aider la nature par le secours de l'art ont soin de se lier le testicule gauche, afin que le droit fasse seul l'office, et que l'autre ne vienne pas affaiblir l'ouvrage en l'inondant d'une essence moins vivifiante. C'est ainsi que le fermier, pour avoir des bœufs vigoureux, noue le testicule gauche du taureau qu'il destine à couvrir de belles vaches. »

Tout cela est du Nicolas Venette pur et simple à grand renfort de mythologie, de cosmographie, etc., etc. La lune et les astres n'ont que faire de l'influence qui leur est dévolue, et s'en passent fort bien.

Robert le jeune, 1801. — «..... Pour réussir parfaitement, il ne faut qu'une inclinaison moyenne sur le côté que l'on veut féconder. Je ne vois pas d'impossibilité à ce qu'on réussisse quelquefois en mettant la femme sur le côté ; mais je crois qu'on manquera souvent son objet de cette manière, tandis qu'on ne le manquera jamais de l'autre. Il y a trente ans et plus que l'inspection anatomique des ovaires m'a fait naître l'idée que l'on pourrait à volonté procréer le sexe que l'on désire ; il y a trente ans et plus que je médite cette idée, et que je la fais exécuter. Je n'y ai rien trouvé de contraire à la raison, ni au bonheur des humains et des gouvernements... Si, dans cet écrit, je pouvais nommer les personnes qui, d'après mes principes, ont fait ces épreuves avec succès, le reste de mes concitoyens serait bientôt persuadés de la réalité de mon assertion ; mais que ceux qui douteront encore en fassent eux-mêmes l'expérience, s'ils veulent en acquérir la certitude ; ils sont libres de venir me trouver, je leur en nommerai assez pour les satisfaire.

« ..... J'ai reçu le sixième enfant d'une mère qui devenait grosse tous les ans, désirait ardemment un fils, et chaque fois mettait au monde une fille. Après l'explosion de leur chagrin, je leur indiquai les moyens d'avoir un garçon. — Ils n'y prirent garde tout d'abord; mais dans la suite ils se laissèrent d'autant plus facilement persuader que les six filles avaient été faites le mari couchant à la gauche de sa femme, d'après la lecture de Michel Procope Couteau, auteur de l'art de faire des garçons en fécondant le côté gauche. On conçoit facilement que le lit doit creuser plus du côté de la femme où couche le

mari que de l'autre côté ; que conséquem-
ment l'inclinaison est involontairement
faite ; et que, dans cette position, sont
nées les six filles de cette dame. En un
mot, ils ne s'exposèrent pas, sans prendre
les précautions nécessaires pour féconder
un œuf mâle, et j'ai eu la satisfaction de
leur donner autant de garçons qu'ils en
désiraient.

« ..... Dans une famille j'ai reçu six
filles avant que le père se décidât à mettre
mon moyen à exécution. Le mari, qui seul
était dans la confidence, désirant féconder
sa femme pour la septième fois, se ressou-
vint de mes principes, mais il crut faire
mieux ; en conséquence il opéra à sa fan-
taisie et manqua encore son objet. Je lui
fis concevoir pourquoi cette méthode est
fautive. Par sa structure et la position
qu'il avait gardée, il me parut impossible
que le *canon de la vie* ne fût pas dirigé
vis-à-vis l'orifice de la trompe gauche. Il
répara sa faute ; quinze ou dix-huit mois

plus tard, sa femme accoucha d'un garçon,
après avoir pratiqué mon moyen. »

Millot, 1828. — « Lorsque la force
formatrice de la substance procréatrice de
la femme est faible et que celle de l'homme
ne peut pas exalter ou modifier cette force
formatrice, alors il naît des individus femelles ressemblant à la mère. Si, au contraire, la force formatrice de la femme est
plus forte, et que celle de l'homme soit
comme dans le cas précédent, alors il naît
des individus mâles qui ont la forme et la
ressemblance de la mère.

« Cette force formatrice de la substance
procréatrice de l'homme est-elle plus considérable que celle de la femme, qui est
encore ici comme dans le premier cas,
alors il naît des individus femelles qui ont
la forme du père.

« Enfin, lorsque l'une et l'autre des
substances procréatrices possèdent une

force supérieure, on voit naître des individus mâles avec les formes du père.

« On a prétendu dans ces derniers temps que la cause de la détermination des sexes se trouvait dans la duplicité des ovaires ; que l'ovaire droit était destiné à produire des individus mâles, et l'ovaire gauche des individus femelles. On a cherché à étayer de pareilles prétentions par des observations, des expériences ; mais le hasard seul a pu protéger l'auteur d'une semblable hypothèse à laquelle on fait des objections qui la ruinent jusque dans ses fondements. Ainsi, sur une femme qui avait eu dix enfants de sexes différents, on ne trouva, après sa mort, qu'un seul ovaire, celui du côté droit. Dans les grossesses extra-utérines, et spécialement dans les grossesses tubaires, on a rencontré des fœtus mâles à gauche et des fœtus femelles à droite. Dans les animaux dont l'utérus est bicorne, on trouve dans l'un et dans l'autre des prolongements sacriformes des fœtus de l'un et de l'autre sexe. »

Ce bagou scientifique, plus obscur encore que prétentieux avec sa force formatrice de la substance procréatrice, ne me dit rien qui vaille. Des mots, des phrases, et voilà tout ! Allez donc faire un garçon ou une fille avec de tels renseignements.

Debay et sa théorie nouvelle (*Vénus physique*). — « La détermination du sexe a lieu au moment même de la fécondation. Elle dépend exclusivement des qualités de l'œuf et du sperme. Ces qualités se traduisent par les diverses proportions d'azote contenues dans les matières dont les œufs et le sperme sont formés. Le sperme est-il à un degré supérieur d'azotation, le produit sera mâle. Le sperme est-il à un degré inférieur d'azotation, le produit sera femelle. Et qu'on n'aille pas croire que cette théorie soit chimérique ; elle repose sur des faits qui se vérifient tous les jours.....

« La théorie de la détermination une fois établie, les moyens d'obtenir le résultat désiré se présentent d'eux-mêmes comme une conséquence logique. Nous avons vu que les expériences de Duméril, de Liebig, de Coste, avaient fourni la preuve que, selon les qualités de la nourriture, on obtenait des mâles et des femelles ; les expériences de Spallanzani avaient aussi démontré que la détermination sexuelle dépendait de la qualité et de la quantité de la liqueur fécondante. Or, les moyens que nous proposons sont déduits de ces expériences et se trouvent dans le régime alimentaire et l'hygiène. »

« *Procréation mâle.* — Dans un mariage où la prédominance existe et où les procréations sont ordinairement femelles, il faut, pour obtenir un garçon, que les époux se soumettent au régime suivant : *Régime de l'homme.* Pendant vingt ou vingt-cinq jours, l'homme prendra exclu-

sivement des aliments substantiels et to-
niques. Il se nourrira de consommés, de
bifteck, de rosbif, de côtelettes, de gigot
de mouton, de gibier noir. Ces viandes
sont d'autant plus réparatrices et stimu-
lantes qu'elles contiennent plus d'osma-
zôme. Il devra se livrer à des exercices
propres à augmenter l'activité des fonctions nutritives. La natation, les bains de
mer ou de rivière en été, sont un précieux
moyen qu'il ne doit pas négliger. Si sa
constitution le rend un peu tiède en
amour, il devra vers le quinzième jour de
son régime user de quelques aliments ré-
putés aphrodisiaques, la truffe, par exemple, la morille, le homard, les écrevisses,
le poisson ; enfin, deux verres par jour de
l'hypocras aphrodisiaque. La flagellation
est aussi un puissant moyen d'excitation
génitale dont on pourra se servir au besoin. Pendant toute la durée de ce régime,
l'homme devra se priver de tout plaisir
amoureux. »

« *Régime de la femme.* — La femme suivra un régime opposé. Elle se nourrira de soupes, de potages maigres, de viandes blanches, agneau, poulet, etc., etc., d'aliments féculents et mucilagineux, tels que vermicelle, semoule, tapioca, macaroni, carottes, navets, laitues, petits pois, épinards et toute espèce de légumes. Elle fera usage de boissons aqueuses et rafraîchissantes telles que orangeade, limonade, eau de groseille, émulsions, etc., etc.; elle prendra des bains entiers plutôt chauds que tièdes, et gardera autant que possible le repos. »

« Lorsque la prédominance de l'homme se sera établie sur celle de la femme, les époux choisiront, pour se rendre le devoir conjugal, les quatre jours qui doivent précéder l'époque menstruelle, car c'est à cette époque que la fécondation est plus certaine. »

C'est une erreur complète commise probablement à dessein et dans le but de faire nouveau.

« Pendant l'accomplissement de ce devoir, l'homme déploiera toutes ses puissances affectives et génitales, c'est-à-dire toutes ses forces physiques et morales réunies, et arrêtera sa pensée sur le but qu'il se propose d'atteindre. La femme, au lieu de tressaillir sous cette brûlante étreinte, devra attendre le moment de la fécondation dans le recueillement. »

« *Procréation femelle.* — Dans un mariage où la prédominance du mari produit des garçons, celui-ci devra se mettre au régime alimentaire débilitant que nous venons de décrire, tandis que la femme suivra le régime substantiel tonique également décrit afin que l'interversion de la prédominance ait lieu ; de plus, chez les femmes indifférentes en amour, chez celles qui, par leurs formes anguleuses, se rapprochent de l'homme, et dont la féminité est par conséquent moindre, il faut employer des stimulants génitaux énergiques, des aphrodisiaques, des lotions excitantes, etc., etc.; la flagellation, dans ce cas, produit de très bons effets. »

Et voilà ce que M. Debay appelle sa théorie nouvelle, renouvelée des Grecs, d'Hippocrate, Galien et autres, ou plutôt d'une cuisine amoureuse plus ou moins complète.

J'ai déjà dit sur cet auteur tout ce que je pense de lui. Je bornerai là mes commentaires.

Dans ce court exposé, je n'ai voulu citer que les auteurs les plus connus. J'en ai omis à dessein un nombre considérable pour éviter de longues et fastidieuses répétitions.

Je terminerai cet historique par la discussion rapide de quelques théories émises dans ces vingt dernières années par des physiologistes honnêtes, convaincus, vrais savants, dont les assertions font ordinairement autorité dans les sciences biologiques.

MM. Coste, Schirac, Huber, ont cherché à prouver que *le sexe de l'embryon dépendait du degré de maturité que possède l'œuf lorsqu'il rencontre les spermatozoïdes. Un œuf incomplètement mûr donne des femelles, un œuf mûr donne des mâles.*

Cette assertion, plus scientifique dans la forme, a été formulée d'une manière originale par Aristote, puis Tiedemann, qui prétendaient trouver dans les femelles des mâles inachevés, incomplets. Cette doctrine a été soutenue aussi par les Pères de l'Église, saint Thomas d'Aquin entre autres.

Les conclusions vagues et incomplètes des auteurs susmentionnés ayant pour fondements les observations et expériences faites sur les abeilles, je passe outre.

Un professeur de Genève, M. Thury, a

tenté d'appliquer aux mammifères les prétendues lois de l'ovologie.

« Je donnai pour instruction, dit-il, à
M. G. Cornaz, de faire saillir au commencement de chaleur pour avoir des femelles, et à la fin pour avoir des mâles.
Le résultat fut tel que je l'avais prévu. »

A cela je répondrai : la loi de l'alternance est vraie et facile à vérifier pour les
mammifères unipares comme la jument et
la vache. Il y a un point essentiel, capital,
qu'on ne nous dit point par ignorance
probable, il est vrai; il aurait fallu faire
connaître le sexe des petits mis bas l'année
précédente.

Une preuve plus évidente encore de la
non-valeur de ces affirmations m'est four-
nie par l'examen d'une portée de jeunes
chiens. La chienne et la chatte ont ordinairement un utérus multiple. Dans des
cas assez fréquents, où l'on veut sauve-
garder la pureté de la race, on surveille

attentivement la femelle, pendant la période du rut, pour l'enfermer bientôt dans
un chenil ou une pièce quelconque, lorsque l'on a pu trouver un mâle de son
espèce. Après une journée, voire même
quelques heures de cohabitation, la conception a lieu, et, au bout de deux mois
environ, la chienne, par exemple, met bas
des mâles et des femelles. A quoi bon
alors la doctrine infaillible de M. Thury,
lequel, prévoyant l'objection, est allé au-
devant et a bien voulu admettre que
l'application du principe de sexualité est
moins facile lorsqu'il s'agit d'animaux
multipares ?

M. Coste a repris les expériences de
M. Thury sur des poules. Il n'a obtenu
aucun résultat.

Un auteur, dont je tairai le nom, af-
firme avoir appliqué et fait appliquer sur
l'espèce humaine les principes du professeur genevois. Des résultats obtenus il a
tiré les conséquences suivantes :

Les rapports sexuels pratiqués pendant le dernier jour des règles ou pendant les deux premiers jours qui suivent leur cessation donnent naissance à des filles.

Les rapports sexuels pratiqués cinq à six jours après la fin des règles donnent naissance à des mâles.

Tous ces préceptes sont ridicules et enfantins.

MM. Hofacker et Boudin, Lucas, Girou de Buzareingues, ont étudié l'influence de l'âge des parents sur le sexe des enfants.

D'après eux, les femelles trop jeunes ou trop vieilles donnent naissance à des mâles. — Les mâles trop jeunes ou trop âgés engendrent des femelles. — Les hommes mariés trop jeunes ont habituellement plus de filles que de garçons.

Le sexe masculin prédomine quand le père est plus âgé que la mère; — le sexe féminin prédomine quand la mère est plus âgée que le père ;

Les parents de même âge engendrent plus de filles ;

Les parents d'âge différent engendrent plus de filles, si la mère est plus âgée que le père ; engendrent plus de garçons, si c'est au contraire le père qui est plus âgé que la mère.

Pour réfuter victorieusement toutes ces conclusions, je me contenterai de donner une statistique de Sadler.

Dans cette statistique on lit avec le plus grand étonnement :

1º Que c'est dans toute la force de l'âge, de 36 à 41 ans, que les nobles lords ont fait à leurs dames le moins de garçons ;

2º Que c'est au contraire dans la période de déclin, de 51 à 61, qu'ils en ont procréé le plus ;

3º Que dans l'âge le plus tendre, au-

dessous de 16 ans, ils ont fait plus de garçons que dans les périodes de 21 à 26, —
de 26 à 31, — de 31 à 36, — de 36 à 41,
— de 41 à 46.

TABLE

PARIS

IMPRIMERIE JOUAUST ET SIGAUX

Rue Saint-Honoré, 338

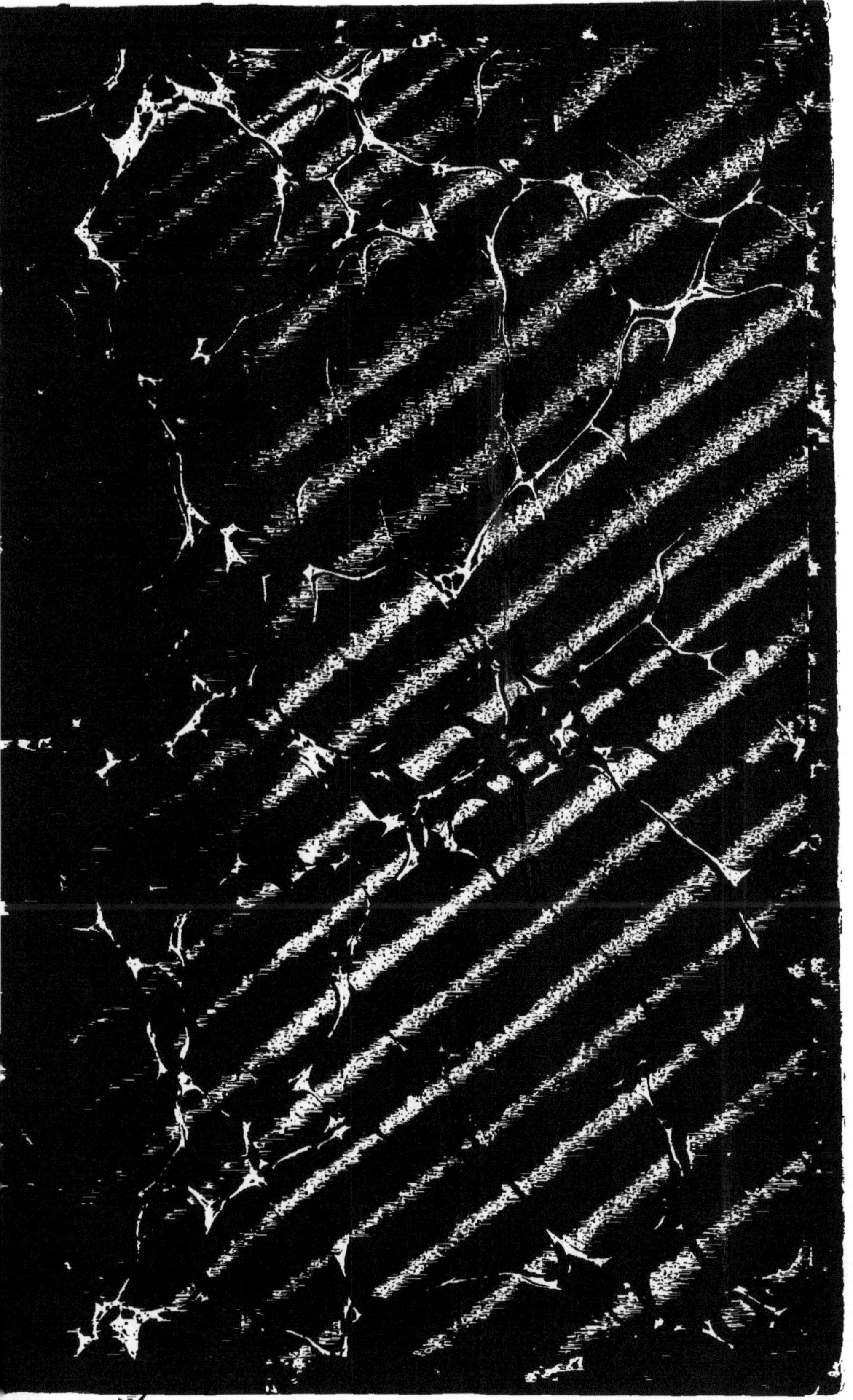

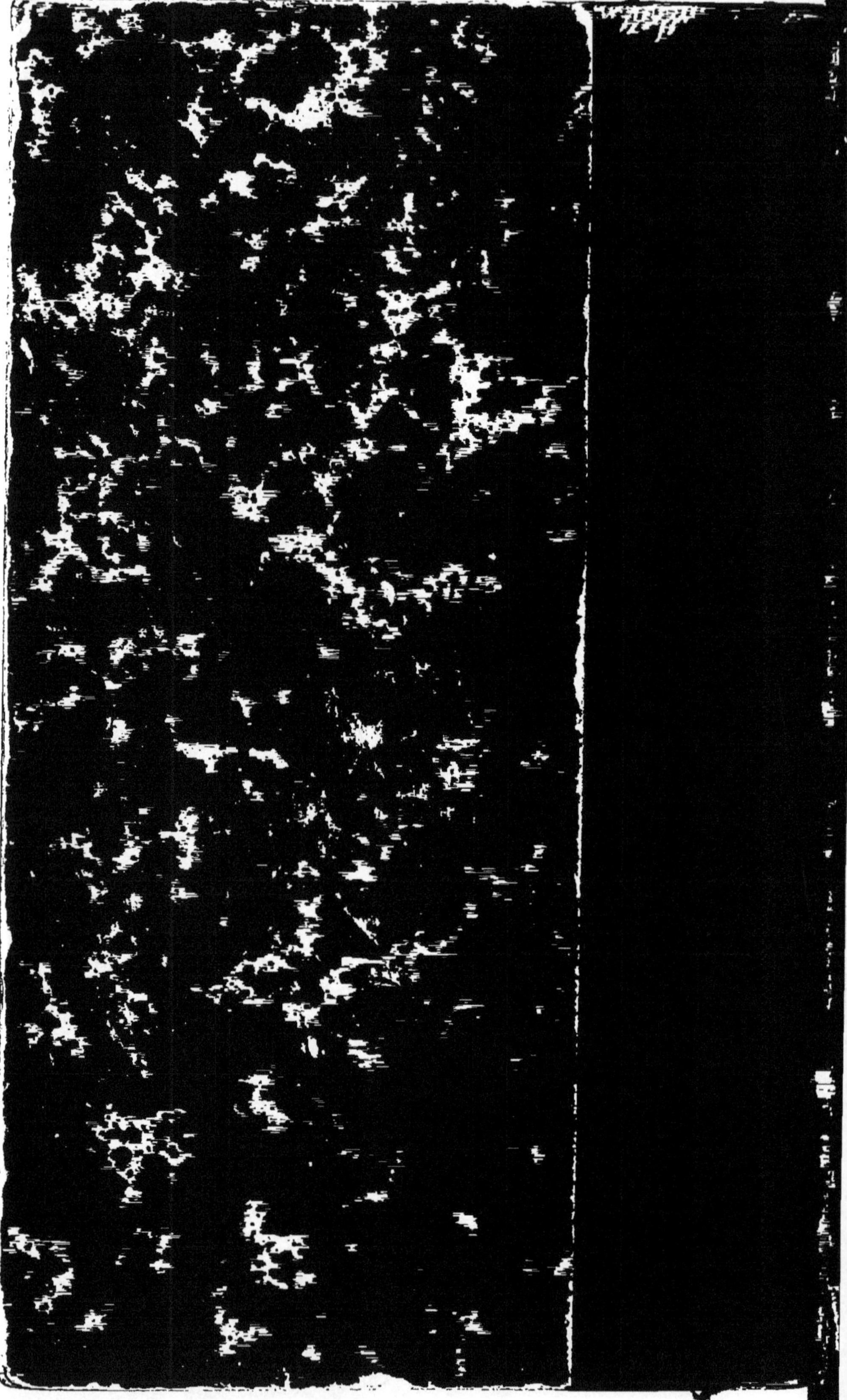